绿色食品生产操作规程简易读本

水果

烟台市农业技术推广中心　编

中国农业出版社

本书编委会

序

绿色食品是农业部在发展高产优质高效农业大背景下组织实施的一项开创性工作，始于1990年。经过21年的不断探索，绿色食品已经形成鲜明的发展特色，成为国内外具有较高知名度和公信力的优质农产品精品品牌；同时，在保护生态环境、推动农业标准化生产、提高农产品质量安全水平、保障食品消费安全、扩大农产品出口、促进农业增效和农民增收、促进国民经济和社会可持续发展等方面发挥了重要作用。

绿色食品标准体系是绿色食品事业持续发展的最为重要的技术基础。截至2011年，农业部累计发布绿色食品标准164项，形成了产地环境、生产过程、产品质量和包装贮运全程控制的标准体系。绿色食品生产过程的控制是绿色食品质量控制的关键，绿色食品生产技术标准是绿色食品标准体系的核心。2009年6月1日，中国绿色食品发展中心组织制定并发布了《绿色食品　苹果生产操作规程》（华北地区）等21项种植业产品生产操作规程，为完善绿色食品标准体系、促进绿色食品事业健康快速发展、确保绿色食品质量安全打下了坚实的基础。

近年来，烟台市委、市政府高度重视农产品质量安全工作，不断加大资金投入，强化政策措施，狠抓绿色食品认证管理，使绿色食品工作取得了丰硕的成果。2009年，我市成功举办了“中国绿色食品2009烟台博览会”，成为全国首个地市级“中国绿色食品城”；同时，还创建了全国最大的绿色农业示范区，全市8个县（市、区）被授予国家级绿色农业示范区建设单位，有2个县（市）成为“全国绿色食品原料标准化生产基地”。截至2011年，全市144家企业333个产品有效使用绿色食品标志，基地面积7.6万公顷，绿色食品产量达141.7万吨。

烟台绿色食品产业已初具规模，在长期生产实践中积累了一定的经验。为了适应农业标准化的推进需求，满足现代农业的发展需要，提高标准化生产技术的普及率和高科技成果的转化率，烟台市农业技术推广中心组织有关专家参照中国绿色食品发展中心发布的《绿色食品生产技术规程》，编写了《绿色食品生产操作规程简易读本　水果》和《绿色食品生产操作规程简易读本　蔬菜》。该读本重点围绕水果、蔬菜两大特色农产品，贴近绿色农业生产实际，实用性和可操作性强、通俗易懂，对于提高科技入户率和到位率，全面提升绿色食品质量，提高品牌竞争力，具有十分重要的现实意义。

烟台市副市长 王国群

2012年3月

前言

绿色食品生产操作规程是以绿色食品生产资料使用准则为依据，按不同农业区域的生产特性、作物品种和畜禽种类分别制定，用于指导绿色食品生产活动，规范绿色食品生产的技术规定。

为了切实做好绿色食品生产操作规程的推广工作，满足绿色食品企业和生产基地对标准化生产操作规程的需求，规范绿色食品生产行为，加快推进现代农业进程，我们在中国绿色食品发展中心的大力支持下，在已颁布的中国绿色食品生产操作规程标准基础上，组织有关专家编写了《绿色食品生产操作规程简易读本　水果》。本书汇集了产地环境技术条件、农药使用准则、肥料使用准则、包装通用准则、贮藏运输准则等绿色食品标准以及苹果、桃、梨、葡萄、草莓等主要水果种植品种的生产操作规程。

全书以推广绿色食品可操作技术为宗旨，主要阐述了绿色食品产地环境技术条件，农业投入品使用准则，水果种植的产地条件、品种选择、土肥水管理、病虫害防治以及采收包装贮运等内容。语言文字简练，内容通俗易懂，形式便于推广。可供绿色食品生产基地和企业以及广大果农、农业科技人员参考。

本书在编写过程中得到了烟台市农业科学院果树所、烟台市果树工作站等单位的大力支持，也得到了国家现代农业产业技术体系苹果、梨、葡萄烟台综合试验站专项资金的资助，在此深表谢意！

编　者

2012 年 3 月

目录

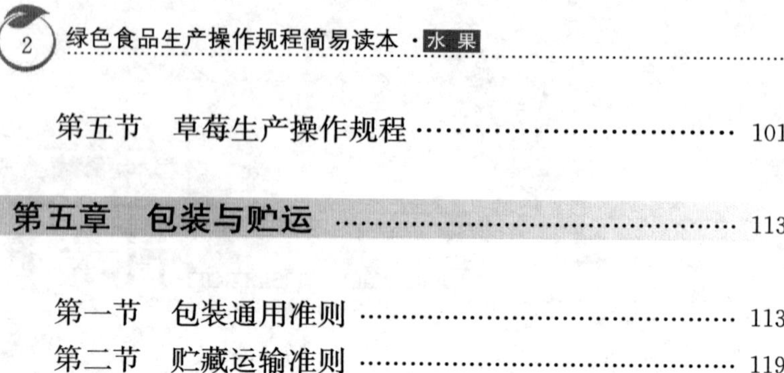

第一章

产 地 环 境*

内容提要

本章规定了绿色食品产地的环境空气质量、农田灌溉水质、渔业水质、畜禽养殖水质和土壤环境质量的各项指标及浓度限值，监测和评价方法；适用于绿色食品生产的农田、蔬菜地、果园、茶园、饲养场、放牧场和水产养殖场。

本章还提出了绿色食品产地土壤肥力分级，供评价和改进土壤肥力状况时参考。适用于栽培作物土壤，不适用于野生植物土壤。

---

* 摘编于《绿色食品　产地环境技术条件》（NY/T 391—2000）。

一、定义

（一）绿色食品

绿色食品是指遵守可持续发展原则，按照特定生产方式生产，经专门机构认定，许可使用绿色食品标志的，无污染的安全、优质、营养类食品。

（二）绿色食品产地环境质量

绿色食品产地环境质量是指绿色食品植物生长地和动物养殖地的空气环境、水环境和土壤环境质量。

二、环境质量要求

绿色食品生产基地应选择在无污染和生态条件良好的地区。基地选点应远离工矿区和公路、铁路干线，避开工业和城市污染源的影响。同时，绿色食品生产基地应具有可持续的生产能力。

（一）空气环境质量要求

在绿色食品产地空气中，各项污染物含量不应超过表 1 所列的浓度值。

表 1 空气中各项污染物的指标要求

单位：毫克/米³

项 目	指标要求	
	日平均	1 小时平均
总悬浮颗粒物（TSP）	≤0.30	—
二氧化硫（SO_2）	≤0.15	0.50
氮氧化物（NO_x）	≤0.10	0.15
氟化物（F）	≤7 微克/米³ 或≤1.8 微克/（米³·天）（挂片法）	20 微克/米³

注：①日平均指任何一日的平均浓度；
②1 小时平均指任何 1 小时的平均浓度；
③连续采样 3 天，一日 3 次，早中晚各 1 次；
④氟化物采样可用动力采样滤膜法或用石灰滤纸挂片法，分别按各自规定的浓度限值执行，石灰滤纸挂片法挂置 7 天。

（二）农田灌溉水质要求

在绿色食品产地农田灌溉水中，各项污染物含量不应超过表 2 所列的浓度值。

表 2 农田灌溉水中各项污染物的指标要求

项 目	指标要求
pH	5.5～8.5
总汞（毫克/升）	≤0.001
总镉（毫克/升）	≤0.005
总砷（毫克/升）	≤0.05
总铅（毫克/升）	≤0.1
六价铬（毫克/升）	≤0.1

（续）

项　目	指标要求
氟化物（毫克/升）	≤2.0
粪大肠菌群（个/升）	≤10 000

注：灌溉菜园用的地表水需测粪大肠菌群，其他情况不测粪大肠菌群。

（三）渔业水质要求

在绿色食品产地渔业用水中，各项污染物含量不应超过表 3 所列的浓度值。

表 3　渔业用水中各项污染物的指标要求

项　目	指标要求
色、臭、味	不得使水产品带异色、异臭和异味
漂浮物质	水面不得出现油膜或浮沫
悬浮物（毫克/升）	人为增加的量不得超过 10
pH	淡水 6.5～8.5，海水 7.0～8.5
溶解氧（毫克/升）	＞5
生化需氧量（毫克/升）	≤5
总大肠菌群（个/升）	≤5 000（贝类 500）
总汞（毫克/升）	≤0.000 5
总镉（毫克/升）	≤0.005
总铅（毫克/升）	≤0.05
总铜（毫克/升）	≤0.01
总砷（毫克/升）	≤0.05
六价铬（毫克/升）	≤0.1
挥发酚（毫克/升）	≤0.005
石油类（毫克/升）	≤0.05

（四）畜禽养殖用水要求

在绿色食品产地畜禽养殖用水中，各项污染物含量不应超过表 4 所列的浓度值。

表 4 畜禽养殖用水各项污染物的指标要求

项 目	标准值
色度	15 度，并不得呈现其他异色
混浊度	3 度
臭和味	不得有异臭、异味
肉眼可见物	不得含有
pH	6.5～8.5
氟化物（毫克/升）	≤1.0
氰化物（毫克/升）	≤0.05
总砷（毫克/升）	≤0.05
总汞（毫克/升）	≤0.001
总镉（毫克/升）	≤0.01
六价铬（毫克/升）	≤0.05
总铅（毫克/升）	≤0.05
细菌总数（个/毫升）	≤100
总大肠菌群（个/升）	≤3

（五）土壤环境质量要求

按耕作方式的不同分为旱田和水田两大类，每类又根据土壤 pH 的高低分为三种情况，即 pH<6.5，pH=6.5～7.5，pH>7.5。绿色食品产地各种不同土壤中的各项污染物含量不应超过表 5 所列的限值。

表 5 土壤中各项污染物的指标要求

单位：毫克/千克

耕作条件	旱田			水田		
pH	<6.5	6.5～7.5	>7.5	<6.5	6.5～7.5	>7.5
镉	≤0.30	≤0.30	≤0.40	≤0.30	≤0.30	≤0.40
汞	≤0.25	≤0.30	≤0.35	≤0.30	≤0.40	≤0.40
砷	≤25	≤20	≤20	≤20	≤20	≤15
铅	≤50	≤50	≤50	≤50	≤50	≤50
铬	≤120	≤120	≤120	≤120	≤120	≤120
铜	≤50	≤60	≤60	≤50	≤60	≤60

注：①果园土壤中的铜限量为旱田中的铜限量的一倍；
②水旱轮作的标准值取严不取宽。

（六）土壤肥力要求

为了促进生产者增施有机肥，提高土壤肥力，在生产绿色食品时，土壤肥力作为参考指标。绿色食品产地土壤肥力分级见表 6。

表 6 绿色食品产地土壤肥力分级

项 目	级别	旱地	水田	菜地	园地	牧地
有机质（克/千克）	Ⅰ	>15	>25	>30	>20	>20
	Ⅱ	10～15	20～25	20～30	15～20	15～20
	Ⅲ	<10	<20	<20	<15	<15

（续）

项　目	级别	旱地	水田	菜地	园地	牧地
全氮（克/千克）	Ⅰ	>1.0	>1.2	>1.2	>1.0	—
	Ⅱ	0.8～1.0	1.0～1.2	1.0～1.2	0.8～1.0	—
	Ⅲ	<0.8	<1.0	<1.0	<0.8	—
有效磷（毫克/千克）	Ⅰ	>10	>15	>40	>10	>10
	Ⅱ	5～10	10～15	20～40	5～10	5～10
	Ⅲ	<5	<10	<20	<5	<5
有效钾（毫克/千克）	Ⅰ	>120	>100	>150	>100	—
	Ⅱ	80～120	50～100	100～150	50～100	—
	Ⅲ	<80	<50	<100	<50	—
阳离子交换量（厘摩尔/千克）	Ⅰ	>20	>20	>20	>15	—
	Ⅱ	15～20	15～20	15～20	15～20	—
	Ⅲ	<15	<15	<15	<15	—
质地	Ⅰ	轻壤、中壤	中壤、重壤	轻壤	轻壤	沙壤、中壤
	Ⅱ	沙壤、重壤	沙壤、轻黏土	沙壤、中壤	沙壤、中壤	重壤
	Ⅲ	沙土、黏土	沙土、黏土	沙土、黏土	沙土、黏土	沙土、黏土

三、监测方法

采样和分析方法除有特殊规定外，均按相关标准执行。

第二章
农业投入品使用

第一节　农药使用*

内容提要

本节规定了绿色食品生产中允许使用的农药种类、毒性分级和使用准则。适用于在我国取得登记的生物源农药、矿物源农药和有机合成农药。

一、定义

（一）生物源农药

生物源农药是指直接利用生物活体或生物代谢过程中产生的具有生物活性的物质或从生物体提取的物质作为防治病虫草

---

* 摘编于《绿色食品　农药使用准则》（NY/T 393—2000）。

害的农药。

（二）矿物源农药

矿物源农药是指有效成分起源于矿物的无机化合物和石油类农药。

（三）有机合成农药

有机合成农药是由人工研制合成，并由有机化学工业生产的商品化的一类农药，包括中等毒和低毒类杀虫杀螨剂、杀菌剂、除草剂，可在绿色食品生产上限量使用。

（四）绿色食品生产资料

绿色食品生产资料是指经专门机构认定，符合绿色食品生产要求，并正式推荐用于绿色食品生产的生产资料。

二、允许使用的农药种类

（一）生物源农药

1. 微生物源农药

（1）**农用抗生素**。防治真菌病害：灭瘟素、春雷霉素、多抗霉素（多氧霉素）、井冈霉素、农抗 120 和中生菌素等；防治螨类：浏阳霉素、华光霉素。

（2）活体微生物农药。真菌剂：蜡蚧轮枝菌等；细菌剂：苏云金杆菌、蜡质芽孢杆菌等；拮抗菌剂；昆虫病原线虫；微孢子；病毒：核多角体病毒。

2. 动物源农药

昆虫信息素（或昆虫外激素）：如性信息素；活体制剂：寄生性、捕食性的天敌动物。

3. 植物源农药

杀虫剂：除虫菊素、鱼藤酮、烟碱、植物油等；杀菌剂：大蒜素；拒避剂：印楝素、苦楝、川楝素；增效剂：芝麻素。

（二）矿物源农药

1. 无机杀螨杀菌剂

硫制剂：硫悬浮剂、可湿性硫、石硫合剂等。铜制剂：硫酸铜、王铜、氢氧化铜、波尔多液等。

2. 矿物油乳剂

柴油乳剂等。

（三）有机合成农药

1. 杀虫杀螨剂

氯氰菊酯、吡虫啉、辛硫磷、噻嗪酮等。

2. 杀菌剂

百菌清、代森锰锌、甲基硫菌灵等。

三、使用准则

绿色食品生产应从作物—病虫草等整个生态系统出发，综合运用各种防治措施，创造不利于病虫草害孳生和有利于各类天敌繁衍的环境条件，保持农业生态系统的平衡和生物多样化，减少各类病虫草害所造成的损失。

优先采用农业措施，通过选用抗病抗虫品种、非化学药剂种子处理、培育壮苗、加强栽培管理、中耕除草、秋季深翻晒土、清洁田园、轮作倒茬、间作套种等一系列措施起到防治病虫草害的作用。还应尽量利用灯光、色彩诱杀害虫以及机械和人工除草等措施，防治病虫草害。特殊情况下必须使用农药时，应遵守以下准则：

1. 首选使用绿色食品生产资料农药类产品。

2. 在绿色食品生产资料农药类产品不能满足植保工作需要的情况下，允许使用以下农药及方法：

（1）中等毒性以下植物源农药、动物源农药和微生物源农药。

（2）在矿物源农药中允许使用硫制剂、铜制剂。

（3）有限度地使用部分有机合成农药，应按《农药安全使用标准》和《农药合理使用准则》中的要求执行。

此外，还需严格执行以下规定：

①应选用列出的低毒农药和中等毒性农药；

②严禁使用剧毒、高毒、高残留或具有三致毒性（致癌、致畸、致突变）的农药（表7）；

表7 生产绿色食品禁止使用的农药

种类	农药名称	禁用作物	禁用原因
有机氯杀虫剂	滴滴涕、六六六、林丹、甲氧高残毒DDT、硫丹	所有作物	高残毒
有机氯杀螨剂	三氯杀螨醇	蔬菜、果树、茶叶	工业品中含有一定数量的滴滴涕
有机磷杀虫剂	甲拌磷、乙拌磷、久效磷、对硫磷、甲基对硫磷、甲胺磷、甲基异柳磷、治螟磷、氧化乐果、磷胺、地虫硫磷、灭克磷（益收宝）、水胺硫磷、氯唑磷、硫线磷、杀扑磷、特丁硫磷、克线丹、苯线磷、甲基硫环磷	所有作物	剧毒高毒
氨基甲酸酯杀虫剂	涕灭威、克百威、灭多威、丁硫克百威、丙硫克百威	所有作物	高毒、剧毒或代谢物高毒
二甲基甲脒类杀虫螨剂	杀虫脒	所有作物	慢性毒性致癌
拟除虫菊酯类杀虫剂	所有拟除虫菊酯类杀虫剂	水稻及其他水生作物	对水生生物毒性大
卤代烷类熏蒸杀虫剂	二溴乙烷、环氧乙烷、二溴氯丙烷、溴甲烷	所有作物	致癌、致畸、高毒
阿维菌素		蔬菜、果树	高毒
克螨特		蔬菜、果树	慢性毒性
有机砷杀菌剂	甲基胂酸锌（稻脚青）、甲基胂酸钙胂（稻宁）、甲基胂酸铁铵（田安）、福美甲胂、福美胂	所有作物	高残毒

（续）

种类	农药名称	禁用作物	禁用原因
有机锡杀菌剂	三苯基醋酸锡（薯瘟锡）、三苯基氯化锡、三苯基羟基锡（毒菌锡）	所有作物	高残留、慢性毒性
有机汞杀菌剂	氯化乙基汞（西力生）、醋酸苯汞（赛力散）	所有作物	剧毒、高残毒
有机磷杀菌剂	稻瘟净、异稻瘟净	水稻	异臭
取代苯类杀菌剂	五氯硝基苯、稻瘟醇（五氯苯甲醇）	所有作物	致癌、高残留
2，4-D类化合物	除草剂或植物生长调节剂	所有作物	杂质致癌
二苯醚类除草剂	除草醚、草枯醚	所有作物	慢性毒性
植物生长调节剂	有机合成的植物生长调节剂	所有作物	
除草剂	各类除草剂	蔬菜生长期（可用土壤处理与芽前处理）	

③每种有机合成农药（含绿色食品生产资料农药类的有机合成产品）在一种作物的生长期内只允许使用一次。

（4）严格按照《农药安全使用标准》和《农药合理使用准则》的要求控制施药量与安全间隔期。

（5）有机合成农药在农产品中的最终残留应符合《农药安全使用标准》和《农药合理使用准则》的最高残留限量（MRL）要求。

3. 严禁使用高毒高残留农药防治贮藏期病虫害。

4. 严禁使用基因工程品种（产品）及制剂。

第二节　肥料使用*

内容提要

本节规定了绿色食品生产中允许使用的肥料种类、组成及使用准则。适用于生产绿色食品的农家肥料及商品有机肥料、腐殖酸类肥料、微生物肥料、半有机肥料（有机复合肥料）、无机（矿质）肥料和叶面肥料等商品肥料。

一、定义

（一）农家肥料

农家肥料指就地取材、就地使用的各种有机肥料。由含有大量生物物质、动植物残体、排泄物、生物废物等积制而成，包括堆肥、沤肥、厩肥、沼气肥、绿肥、作物秸秆肥、泥肥和饼肥等。

1. 堆肥

以各类秸秆、落叶、山青、湖草为主要原料，并与人畜粪便和少量泥土混合堆制，经好气微生物分解而成的一类有机肥料。

---

* 摘编于《绿色食品　肥料使用准则》（NY/T 394—2000）。

2. 沤肥

所用物料与堆肥基本相同，只是在淹水条件下，经微生物嫌气发酵而成的一类有机肥料。

3. 厩肥

以猪、牛、马、羊、鸡、鸭等畜禽的粪尿为主与秸秆等垫料堆积，并经微生物作用而成的一类有机肥料。

4. 沼气肥

在密封的沼气池中，有机物在嫌气条件下经微生物发酵制取沼气后的副产物。主要由沼气水肥和沼气渣肥两部分组成。

5. 绿肥

以新鲜植物体就地翻压、异地施用或经沤、堆后而成的肥料。主要分为豆科绿肥和非豆科绿肥两大类。

6. 作物秸秆肥

以麦秸、稻草、玉米秸、豆秸、油菜秸等直接还田的肥料。

7. 泥肥

以未经污染的河泥、塘泥、沟泥、港泥、湖泥等经嫌气微生物分解而成的肥料。

8. 饼肥

以各种含油分较多的种子经压榨去油后的残渣制成的肥

料，如菜子饼、棉子饼、豆饼、芝麻饼、花生饼和蓖麻饼等。

（二）商品肥料

商品肥料指按国家法规规定，受国家肥料部门管理，以商品形式出售的肥料。包括商品有机肥、腐殖酸类肥、微生物肥、有机复合肥、无机（矿质）肥、叶面肥等。

1. 商品有机肥

以大量动植物残体、排泄物及其他生物废物为原料加工制成的商品肥料。

2. 腐殖酸类肥料

以含有腐殖酸类物质的泥炭（草炭）、褐煤、风化煤等经过加工制成含有植物营养成分的肥料。

3. 微生物肥料

以特定微生物菌种培养生产的含活的微生物制剂。根据微生物肥料对改善植物营养元素的不同可分成五类：根瘤菌肥料、固氮菌肥料、磷细菌肥料、硅酸盐细菌肥料和复合微生物肥料。

4. 有机复合肥

经无害化处理后的畜禽粪便及其他生物废物加入适量的微量营养元素制成的肥料。

5. 无机（矿质）肥料

矿物经物理或化学工业方式制成，养分呈无机盐形式的肥料。包括矿物钾肥和硫酸钾、矿物磷肥（磷矿粉）、煅烧磷酸盐（钙镁磷肥、脱氟磷肥）、石灰、石膏和硫黄等。

6. 叶面肥料

喷施于植物叶片并能被其吸收利用的肥料，叶面肥料中不得含有化学合成的生长调节剂。包括含微量元素的叶面肥和含植物生长辅助物质的叶面肥料等。

7. 有机无机肥（半有机肥）

有机肥料与无机肥料通过机械混合或化学反应而成的肥料。

8. 掺合肥

在有机肥、微生物肥、无机（矿质）肥、腐殖酸肥中按一定比例掺入化肥（硝态氮肥除外），并通过机械混合而成的肥料。

（三）其他肥料

其他肥料是指不含有毒物质的食品、纺织工业的有机副产品，以及骨粉、骨胶废渣、氨基酸残渣、家禽家畜加工废料、糖厂废料等有机物料制成的肥料。

（四）绿色食品生产资料

绿色食品生产资料指经专门机构认定，符合绿色食品生产要求，并正式推荐用于绿色食品生产的生产资料。

二、绿色食品生产允许使用的肥料种类

1. 本节所述的农家肥料。

2. 绿色食品生产资料肥料类产品。

3. 在以上两条不能满足绿色食品生产需要的情况下，允许使用掺合肥（有机氮与无机氮之比不超过 1∶1）。

三、使用规则

肥料使用必须满足作物对营养元素的需要，使足够数量的有机物质返回土壤，以保持或增加土壤肥力及土壤生物活性。所有有机或无机（矿质）肥料，尤其是富含氮的肥料应对环境和作物（营养、味道、品质和植物抗性）不会产生不良后果方可使用。

1. 必须选用绿色食品生产允许使用的肥料种类。可按要求使用化学肥料（氮、磷、钾），但禁止使用硝态氮肥。

2. 化肥必须与有机肥配合施用，有机氮与无机氮之比不超过 1∶1。例如，施优质厩肥1 000千克及尿素 10 千克（厩肥作基肥，尿素可作基肥和追肥用）。对叶菜类最后一次追肥必须在收获前 30 天进行。

3. 化肥也可与有机肥、复合微生物肥配合施用。厩肥

1 000千克，加尿素 5～10 千克或磷酸二铵 20 千克，复合微生物肥料 60 千克（厩肥作基肥，尿素、磷酸二铵和微生物肥料作基肥和追肥用）。最后一次追肥必须在收获前 30 天进行。

4. 城市生活垃圾一定要经过无害化处理，质量达到《城镇垃圾农用控制标准》中的技术要求才能使用。每年每 667 米^2 农田限制用量，黏性土壤不超过 3 000 千克，沙性土壤不超过 2 000 千克。

5. 秸秆还田。采用秸秆还田、过腹还田、直接翻压还田和覆盖还田等形式，允许用少量氮素化肥调节碳氮比。

四、其他规定

1. 生产绿色食品的农家肥料无论采用何种原料（包括人畜禽粪尿、秸秆、杂草、泥炭等）制作堆肥，必须高温发酵，以杀灭各种寄生虫卵和病原菌、杂草种子，使其达到无害化卫生标准，详见表 8、表 9。农家肥料原则上就地生产、就地使用。外来农家肥料应确认符合要求后才能使用。商品肥料及新型肥料必须通过国家有关部门的登记认证及生产许可，质量指标应达到国家有关标准的要求，详见表 10、表 11、表 12。

表 8 高温堆肥卫生标准

序号	项目	卫生标准及要求
1	堆肥温度	最高堆温达 50～55℃，持续 5～7 天
2	蛔虫卵死亡率	95%～100%
3	粪大肠菌值	10^{-1}～10^{-2}
4	苍蝇	有效地控制苍蝇孳生，肥堆周围没有活的蛆、蛹或新羽化的成蝇

表 9　沼气肥卫生标准

序号	项目	卫生标准及要求
1	密封贮存期	30 天以上
2	高温沼气发酵温度	(53±2)℃，持续 2 天
3	寄生虫卵沉降率	95%以上
4	血吸虫卵和钩虫卵	在使用粪液中不得检出活的血吸虫卵和钩虫卵
5	粪大肠菌值	普通沼气发酵 10^{-4}，高温沼气发酵 10^{-1}～10^{-2}
6	蚊子、苍蝇	有效地控制蚊蝇孳生，粪液中无孑孓，池的周围无活的蛆、蛹或新羽化的成蝇
7	沼气池残渣	经无害化处理后方可用作农肥

表 10　煅烧磷酸盐质量指标

营养成分	杂质控制指标每含 1%五氧化二磷（P_2O_5）
有效五氧化二磷（P_2O_5）≥12%（碱性柠檬酸铵提取）	砷（As）≤0.004% 镉（Cd）≤0.01% 铅（Pb）≤0.002%

表 11　硫酸钾质量指标

营养成分	杂质控制指标每含 1%氧化钾（K_2O）
氧化钾（K_2O）50%	砷（As）≤0.004% 氯（Cl）≤3% 硫酸（H_2SO_4）≤0.5%

表 12　腐殖酸叶面肥料质量指标

营养成分	杂质控制指标
腐殖酸≥8.0%，微量元素≥6.0%，铁、锰、铜、锌、钼、硼（Fe、Mn、Cu、Zn、Mo、B）	镉（Cd）≤0.01% 砷（As）≤0.002% 铅（Pb）≤0.002%

2. 因施肥造成土壤污染、水源污染或影响农作物生长，农产品达不到卫生标准时，要停止施用该肥料，并向专门管理机构报告。用其生产的食品也不能继续使用绿色食品标志。

第三章

产品标准——温带水果*

内容提要

本节规定了绿色食品温带水果，包括苹果、梨、桃、草莓、山楂、柰子、越橘（蓝莓）、无花果、树莓、桑葚、猕猴桃、葡萄、樱桃、枣、杏、李、柿、石榴和除西瓜类水果之外的温带水果的要求、检验方法、检验规则、标志、包装、运输和贮藏。

一、要求

（一）感官指标

1. 苹果

应符合表 13 中二等品及以上等级的规定。

---

* 摘编于《绿色食品　温带水果》（NY/T 844—2010）。

表 13　鲜苹果质量等级要求

项目	等　　级		
	优等品	一等品	二等品
果形	具有本品种应有的特征	允许果形有轻微缺点	果形有缺点，但仍保持本品基本特征，不得有畸形果
色泽	应具有本品种成熟时应有的色泽		
果梗	果梗完整（不包括商品化处理造成的果梗缺省）	果梗完整（不包括商品化处理造成的果梗缺省）	允许果梗轻微损伤
果面缺陷	无缺陷	无缺陷	允许下列对果肉无重大伤害的果皮损伤不超过 4 项
刺伤（包括破皮划伤）	无	无	无
碰压伤	无	无	允许轻微碰压伤，总面积不超过 1.0 厘米^2，其中最大处面积不得超过 0.3 厘米^2，伤处不得变褐，对果肉无明显伤害
磨伤(枝磨、叶磨)	无	无	允许不严重影响果实外伤的磨伤，面积不超过 1.0 厘米^2
日灼	无	无	允许浅褐色或褐色，面积不超过 1.0 厘米^2
药害	无	无	允许果皮浅层伤害，总面积不超过 1.0 厘米^2
雹伤	不允许	不允许	允许轻微者 2 处，每处面积不超过 1.0 厘米^2
裂果	无	无	无

（续）

项目		等　　级		
		优等品	一等品	二等品
裂纹		无	允许梗洼内有微小裂纹	允许不超出梗洼或萼洼的微小裂纹
病虫果		无	无	无
虫伤		无	允许不超过 2 处 0.1 厘米^2 的虫伤	允许干枯虫伤，总面积不超过 1.0 厘米^2
其他小疵点		无	允许不超过 5 个	允许不超过 10 个
果锈	褐色片锈	无	不超出梗洼的轻微锈斑	轻微超出梗洼或萼洼之外的锈斑
	网状浅层锈斑	允许轻微而分离的平滑网状不明显锈痕，总面积不超过果面的 1/20	允许平滑网状薄层，总面积不超过果面的 1/10	允许轻度粗糙的网状果锈，总面积不超过果面的 1/5
果径（毫米）	大型果	≥70	≥65	
	中小型果	≥60	≥55	

2. 梨

应符合表 14 中二等品及以上等级的规定。

表 14　鲜梨质量等级要求

项目指标	等　　级		
	优等品	一等品	二等品
基本要求	具有本品种固有的特征和风味，具有适于市场销售或贮藏要求的成熟度，果实完整良好；新鲜洁净，无异味或非正常风味；无外来水分		

（续）

项目指标	等级		
	优等品	一等品	二等品
果形	果形端正，具有本品种固有的特征	果形正常，允许有轻微缺陷，具有本品种应有的特征	果形允许有缺陷，但仍保持本品种应有的特征，不得有偏缺过大的畸形果
色泽	具有本品种成熟时应有的色泽	具有本品种成熟时应有的色泽	具有本品种应有的色泽，允许色泽较差
果梗	果梗完整（不包括商品化处理造成的果梗缺省）	果梗完整（不包括商品化处理造成的果梗缺省）	允许果梗轻微损伤
大小整齐度	各等级果的大小尺寸不作具体规定，可根据收购商要求操作，但要求应具有本品种基本的大小。而大小整齐度应有硬性规定，要求果实横径差异<5毫米		
果面缺陷	允许下列规定的缺陷不超过1项	允许下列规定的缺陷不超过2项	允许下列规定的缺陷不超过3项
刺伤、破皮划伤	不允许	不允许	不允许
碰压伤	不允许	不允许	允许轻微碰压伤，总面积不超过0.5厘米^2，其中最大处面积不得超过0.3厘米^2，伤处不得变褐，对果肉无明显伤害
磨伤（枝磨、叶磨）	不允许	不允许	允许不严重影响果实外伤的轻微磨伤，总面积不超过1.0厘米^2
水锈、药斑	允许轻微薄层总面积不超过果面的1/20	允许轻微薄层总面积不超过果面的1/10	允许轻微薄层总面积不超过果面的1/5

（续）

项目指标	等级		
	优等品	一等品	二等品
日灼	不允许	允许轻微的日灼伤害，总面积不超过0.5厘米^2，但不得有伤部果肉变软	允许轻微的日灼伤害，总面积不超过1.0厘米^2，但不得有伤部果肉变软
雹伤	不允许	不允许	允许轻微者2处，每处面积不超过1.0厘米^2
虫伤	不允许	允许干枯虫伤2处，总面积不超过0.2厘米^2	干枯虫伤不限，总面积不超过1.0厘米^2
病害	不允许	不允许	不允许
虫果	不允许	不允许	不允许

3. 桃

应符合表15中二等及以上等级的规定。

表15　鲜桃品质等级标准

项目名称	等级		
	特等	一等	二等
基本要求	果实完整良好，新鲜清洁，无果肉褐变，病果、虫果、刺伤，无不正常外来水分，充分发育，无异常气味或滋味，具有可采收成熟度或食用成熟度，整齐度好，符合卫生指标的果实要求		
果形	果形具有本品种应有的特征	果形具有本品种应有的基本特征	果形稍有不正，但不得有畸形果
色泽	果皮颜色具有本品种成熟时应有的色泽	果皮色泽具有本品种成熟时应有的颜色，着色程度达到本品种应有着色面积的3/4以上	果皮色泽具有本品种成熟时应有的颜色，着色程度达到本品种应有着色面积的1/4以上

（续）

项目名称		等级		
		特等	一等	二等
可溶性固形物（%）		极早熟品种≥10.0 早熟品种≥11.0 中熟品种≥12.0 晚熟品种≥13.0 极晚熟品种≥14.0	极早熟品种≥9.0 早熟品种≥10.0 中熟品种≥11.0 晚熟品种≥12.0 极晚熟品种≥12.0	极早熟品种≥8.0 早熟品种≥9.0 中熟品种≥10.0 晚熟品种≥11.0 极晚熟品种≥11.0
果实硬度（千克/厘米^2）		≥6.0	≥6.0	≥4.0
果面缺陷	碰压伤	不允许	不允许	不允许
	蟠桃梗洼处果皮损伤	不允许	允许损伤总面积≤0.5 厘米^2	允许损伤总面积≤1.0 厘米^2
	磨伤	不允许	允许轻微磨伤一处，总面积≤0.5 厘米^2	允许轻微不褐变的磨伤，总面积≤1.0 厘米^2
	雹伤	不允许	不允许	允许轻微雹伤，总面积≤0.5 厘米^2
	裂果	不允许	允许风干裂口一处，总长度≤0.5 厘米	允许风干裂口两处，总长度≤1.0 厘米
	虫伤	不允许	允许轻微虫伤一处，总面积≤0.03 厘米^2	允许轻微虫伤，总面积≤0.3 厘米^2

4. 草莓

应符合表 16 中二等及以上等级的规定。

表16 草莓的感官品质指标

项目 \ 等级		特级	一级	二级	三级
外观品质基本要求		果实新鲜洁净，无异味；有本品种特有的香气，无不正常外来水分，带新鲜萼片，具有适于市场或贮藏要求的成熟度			
果形及色泽		果实应具有本品种特有的形态特征，颜色特征及光泽，且同一品种、同一等级不同果实之间形状、色泽均匀一致			
果实着色度		≥70%			
单果重（克）	中小果型品种	≥20	≥15	≥10	≥6
	大果型品种	≥30	≥25	≥20	≥15
碰压伤		无明显碰压伤，无汁液浸出			
畸形果实（%）		≤1	≤1	≤3	≤5

5. 山楂

应符合表17中合格品及以上等级的规定。

6. 柰子、越橘、无花果、树莓、桑葚、猕猴桃、葡萄、樱桃、枣、杏、李、柿、石榴及其他

应符合表18的规定。

表 17 山楂质量规格等级指标

项目指标		规格等级								
		大型果			中型果			小型果		
		优等品	一等品	合格品	优等品	一等品	合格品	优等品	一等品	合格品
每千克果个数		≤110	≤120	≤130	≤150	≤160	≤180	≤220	≤260	≤300
果实均匀度指数		>0.65	>0.65	>0.60	>0.65	>0.65	>0.60	>0.65	>0.65	>0.65
果皮色泽		达本品种成熟时固有色泽								
果肉颜色	红果类型	红，粉红或橙红		粉白或绿白	同大型果优等品	同大型果一等品	同大型果合格品	同大型果优等品	同大型果一等品	同大型果合格品
	黄果类型	浅黄至橙黄		黄白至绿白						
风味										
碰压刺伤果率（%）		<5	<8	<10	<5	<8	<10	<5	<8	<10
锈斑超过果面 1/4 果率（%）		<3	<5	<5	<3	<5	<5	<3	<5	<5
虫果率（%）		<3	<5	<8	<3	<5	<8	<3	<5	<8
病果率（%）		0	<3	<5	0	<3	<5	0	<3	<5
腐烂冻伤果率（%）		0								
碰压刺伤、锈斑病虫果率合计（%）		<6	<10	<15	<6	<10	<15	<6	<10	<15

表 18 感官指标

项目	要 求
果实外观	果实完整，新鲜清洁，整齐度好；具有品种固有的形状和特征，果型良好；无不正常外来水分，无机械损伤、无霉烂、无裂果、无冻伤、无病虫果、无刺伤、无果肉褐变；具有本品种成熟时应有的特征色泽
病虫害	无病虫害
气味和滋味	具有本品种正常气味，无异味
成熟度	发育充分、正常，具有适于市场或贮存要求的成熟度

（二）理化要求

应符合表 19 的规定。

表 19 理化指标

水果名称	指 标		
	硬度（千克/厘米^2）	可溶性固形物（%）	可滴定酸（%）
苹果	≥5.5	≥11.0	≤0.35
梨	≥4.0	≥10.0	≤0.30
葡萄	—	≥14.0	≤0.70
桃	≥4.5[a]	≥9.0	≤0.60
草莓	—	≥7.0	≤1.30
山楂	—	≥9.0	≤2.00
柰子	—	≥16.0	≤1.20
越橘	—	≥10.0	≤2.50
无花果	—	≥16.0	—
树莓	—	≥10.0	≤2.20

（续）

水果名称		指　　标		
		硬度（千克/厘米^2）	可溶性固形物（%）	可滴定酸（%）
桑葚		—	≥11.0	—
猕猴桃	生理成熟果		≥6.0	≤1.50
	后熟果		≥10.0	
樱桃		—	≥13.0	≤1.00
枣		—	≥20.0	≤1.00
杏		—	≥10.0	≤2.00
李		≥4.5	≥9.0	≤2.00
柿		—	≥16.0	—
石榴		—	≥15.0	≤0.8

注：①不适用于水蜜桃；

②其他未列入的温带水果，其理化指标不作为判定依据。

（三）卫生指标

卫生指标应符合表20的规定。

表20　卫生指标

单位：毫克/千克

序号	项　目	指　标
1	无机砷（以As计）	≤0.05
2	铅（以Pb计）	≤0.1
3	镉（以Cd计）	≤0.05
4	总汞（以Hg计）	≤0.01
5	氟（以F计）	≤0.5

（续）

序号	项　目	指　标
6	铬（以 Cr 计）	≤0.5
7	六六六（BHC）	≤0.05
8	滴滴涕（DDT）	≤0.05
9	乐果	≤0.5
10	氧乐果（dimethoate）	不得检出（检出限≤0.02）
11	敌敌畏（dichlorvos）	≤0.2
12	对硫磷（parathion）	不得检出（检出限≤0.02）
13	马拉硫磷（malathion）	不得检出（检出限≤0.03）
14	甲拌磷（phorate）	不得检出（检出限≤0.02）
15	杀螟硫磷（fenitrothion）	≤0.2
16	倍硫磷（fenthion）	≤0.02
17	溴氰菊酯（deltamethrin）	≤0.1
18	氰戊菊酯（fenvalerate）	≤0.2
19	敌百虫（trichilorfon）	≤0.1
20	百菌清（chlorothalonil）	≤1
21	多菌灵（carbendazim）	≤0.5
22	三唑酮（triadimefon）	≤0.2
23	黄曲霉素 B_1[a]（微克/千克）	≤5
24	仲丁胺[b]	不得检出（<0.7）
25	二氧化硫[b]	≤50

[a] 仅适用于无花果；

[b] 仅适用于葡萄。

二、试验方法

（一）感官指标

从供试样品中随机抽取 2～3 千克，用目测法进行品种特征、成熟度、色泽、新鲜、清洁、机械伤、霉烂、冻害和病虫害等感官项目的检测。气味和滋味采用鼻嗅和口尝方法进行检验。

（二）理化指标

1. 硬度

按 GB/T 10651—2008 的规定执行。

2. 可溶性固形物的测定

按 NY/T 839—2004 的规定执行。

3. 可滴定酸的测定

按 NY/T 839—2004 的规定执行。

（三）卫生指标

1. 无机砷

按 GB/T 5009 的规定执行。

2. 铅

按 GB/T 5009 的规定执行。

3. 镉

按 GB/T 5009 的规定执行。

4. 总汞

按 GB/T 5009 的规定执行。

5. 氟

按 GB/T 5009 的规定执行。

6. 铬

按 GB/T 5009 的规定执行。

7. 六六六、滴滴涕

按 GB/T 5009 的规定执行。

8. 乐果、氧乐果、敌敌畏、对硫磷、马拉硫磷、甲拌磷、杀螟硫磷、倍硫磷、敌百虫、百菌清、溴氰菊酯、氰戊菊酯

按 NY/T 761 的规定执行。

9. 多菌灵

按 GB/T 23380 的规定执行。

10. 三唑酮

按 GB/T 5009 的规定执行。

11. 黄曲霉素 B_1

按 GB/T 5009 的规定执行。

12. 仲丁胺

按 NY/T 946 的规定执行。

13. 二氧化硫

按 GB/T 5009 的规定执行。

三、检验规则

按 NY/T 1055 的规定执行。

四、标志、标签

1. 标志

绿色食品外包装上应印有绿色食品标志，贮运图标按 GB/T 191 的规定执行。

2. 标签

按 GB/T 7718 的规定执行。

五、包装、运输和贮存

1. 包装

按 NY/T 658 的规定执行。

2. 运输和贮存

按 NY/T 1056 的规定执行。

第四章
生产操作规程

第一节　苹果生产操作规程*

内容提要

本节规定了绿色食品苹果的产地条件、品种选择、苗木和定植、土肥水管理、整形修剪、花果管理、病虫害防治、采收与包装贮运等技术要求。

一、产地条件

1. 环境条件

环境条件应符合本书第一章的要求。

---

*　摘编于《绿色食品　苹果生产操作规程（华北地区）》（LB/T 1001—2009）。

2. 气候条件

年平均气温7.5～14.0℃，1月份平均气温不低于－10℃，生长季平均气温12.0～18.0℃。年降雨量500～800毫米。年日照在2 200～2 800小时。

3. 土壤条件

土层深厚，排水良好的沙壤土、轻壤土和中壤土。土壤有机质含量1%以上。pH5.5～7.5。含盐量在0.13%以下。

4. 轮作

前茬为苹果、梨树地，不宜继续栽植苹果，如需再植，要改种其他作物4～5年后方可。

二、品种选择

1. 品种组成

选择适合本地区的优良品种，一般以晚熟和中晚熟优良品种为主，主栽品种应占70%～80%，辅栽品种应是主栽品种的良好授粉树。授粉品种作为辅栽品种一般占总株树的20%左右，授粉效果好的，可减为10%。在大城市和大工矿区附近，少量栽培早、中熟品种。

2. 根据当地具体情况，注意选择抗病虫害、抗逆性和适应性强的砧木和品种。

3. 品种配置上注意授粉品种的选择，详见表21。

表 21　苹果不同品种适宜的授粉组合

主栽品种	授粉品种
富士	嘎拉、元帅系、王林、千秋、津轻系
短枝富士	元帅短枝型
乔纳金	千秋、王林、富士、嘎拉、元帅系
元帅系	短枝富士、金矮生
嘎拉	富士、千秋、藤木 1 号
藤木 1 号	嘎拉、千秋、富士

三、苗木和定植

1. 苗木

（1）**苗木要求**。按实生砧苗侧根 5 条以上，侧根基部粗度 0.45cm 以上，侧根长度 20cm 以上，砧段长度 5cm 以下，茎高度 120cm 以上，地面上茎粗度 1.20cm 以上，倾斜度 15°以下，整形带内饱满芽数 8 个以上；营养系矮化中间砧苗侧根 5 条以上，侧根基部粗度 0.45cm 以上，侧根长度 20cm 以上，砧段长度 5cm 以下，茎高度 120cm 以上，茎粗度 0.80cm 以上，倾斜度 15°以下，整形带内饱满芽数 8 个以上；营养系矮化砧苗侧根 15 条以上，侧根基部粗度 0.25cm 以上，侧根长度 20cm 以上，砧段长度10～20cm，茎高度 120cm 以上，茎粗度 1.00cm 以上，倾斜度 15°以下，整形带内饱满芽数 8 个以上的规定执行。

（2）**尽量采用无病毒苗、矮化砧或矮化中间砧苗、带分枝苗**。乔砧宜采用八棱海棠等砧木。

2. 定植

（1）**定植密度**。生产中应根据立地条件、砧穗组合与栽植密度等，确定适宜的栽植方式。新建果园土壤是平泊地的，提倡实行高畦栽培，以集中地表土壤和减轻根系受涝程度。乔化砧园株行距4～5米×6～8米，畦宽2米，高20～30厘米；矮化和半矮化砧园株行距1.5～4米×3～5米。

（2）**授粉树配置**。以行为单位配置授粉树，主栽品种与授粉品种的比例：稀植时为1～3∶1；密植时可增至4∶1。以株为单位，最低比例为8∶1，即每3行8株主栽品种的中心定植1株授粉树，最好选用专用授粉品种。有1个三倍体品种时，必须选择2个能相互授粉的二倍体品种作为授粉树或配置一个专用授粉品种。

（3）定植坑长、宽、深度为0.8～1.0米；株距小时可挖长沟，宽、深同前。取土时将表土与底土分别堆放。

（4）栽前将苗木根部浸泡水中充分吸水后取出苗木，对直径0.2厘米以上粗根轻截。用5波美度石硫合剂消毒，沾泥浆后栽植。

（5）定植前每株施腐熟有机肥50千克，磷酸二铵0.5～1千克，将有机肥、化肥与挖出表土混合，回填坑（沟）底，填至距地表25厘米左右后，踩实或先灌水待其下沉后栽树，栽后及时灌水。

（6）**定植时间**。春栽或秋栽。春栽自土壤解冻后至萌芽前，栽植灌水后，在树干基部培小土堆，5、6月待成活稳定后，将小土堆撤平；秋栽自落叶至土壤封冻前，在冬季严寒、春季风大地区，栽后须将树干卧倒培土，土厚距树干不少于10厘米，春天发芽前撤土立直树干。一般宜春栽。

（7）**栽植深度**。以苗木在苗圃时覆土深度为准。矮化中间砧苗木，将中间砧埋1/2～1/3为宜。

四、土肥水管理

1. 土壤管理

（1）**深翻改土。**定植后逐年将定植坑外进行深翻改良，以秋季为好，其他季节也可进行。深翻方法分为扩穴深翻和全园深翻，扩穴深翻为在定植穴（沟）外挖环状或平行沟，沟宽80厘米，深60厘米。全园深翻为将栽植穴外的土壤全部深翻，深度30～40厘米。土壤回填时混以有机肥，表土放在底层，然后充分灌水，使根土密切接触。

（2）**行间生草或间作。**幼树期行间人工种植鼠茅草、三叶草、黑麦草等，或自然生草，草高30～40厘米时，人工或机械刈割，留茬高度保持8～10厘米，1年刈割3～4次，将草覆盖树盘，4～5年耕翻一次，更新生草。间作宜种豆科等矮秆作物，切忌种植高秆作物和秋季需大肥大水作物，如玉米、白菜等。

（3）盛果期采取行间生草，株间覆盖或生草。

（4）秋季耕翻一次，近树干耕深10厘米，远处20厘米，生草处不耕翻。

（5）坡地苹果园，应修筑水平梯田、等高撩壕、鱼鳞坑等水土保持工程，防止水土流失，达到保水、保土、保肥的作用。

2. 施肥

（1）**施肥原则。**肥料使用必须满足作物对营养元素的需要，使足够数量的有机物质返回土壤，应符合本书第二章第一节的要求。以保持或增加土壤肥力及土壤微生物活性。所有有机或无机（矿质）肥料，尤其是富含氮的肥料应对环境和作物（营养、味道、品种和植物抗性）不会产生不良后果方可使用。

（2）基肥。基肥以秋季为宜，在落叶前一个半月施入，秋季未施的也可春季萌芽前施入。幼树和初结果期树，每株施20～30千克腐熟有机肥，混加磷酸二铵0.2千克。采用环状或沟状施肥，沟深50厘米，宽30～40厘米，将土与有机肥混合施入。

盛果期树施肥量依产量而定。每667米^{2}产1 000千克果左右时，每100千克果需100千克腐熟有机肥；每667米^{2}产2 000千克果以上时，每100千克果需150～200千克腐熟有机肥。同时每100千克腐熟有机肥中加入磷酸二铵1千克、尿素0.5千克、硫酸钾1千克，以环状或放射状沟施为主，环状施肥位置应在树冠边缘垂直投影下，沟深40～50厘米，宽40厘米。放射状为树冠下由内向外沿4个不同方向挖4条放射状沟，沟形状为内深、宽约20厘米，外围深、宽约50厘米。当树冠下普遍经过深施基肥后，可改为撒施翻耕。

（3）追肥。幼树和初结果期树，萌芽前后或新梢迅速生长期，每株树施0.2千克尿素，追肥时间不得晚于6月中旬。

盛果期树，开花前后，每100千克果追尿素1.0～1.5千克，沿树冠边缘挖10厘米深环状沟施入，覆土。花芽分化前（6月上旬）按1∶3（钙镁磷肥或磷矿粉1千克，厩肥3千克）的比例拌匀腐熟，每100千克果追肥10千克，挖穴30厘米深施入。果实迅速生长期，每100千克果，追施0.8～1.0千克硫酸钾，施肥方法同尿素。采前30天内禁止追肥。

（4）根外追肥。盛花期用0.2%硼砂喷洒花朵。其他根外

追肥进行2～3次，花芽分化前以0.3%尿素为主，其后以0.4%磷钾肥为主。采前20天内禁止根外追肥。根外追肥一般与喷洒农药相结合。苹果叶面喷肥时期、种类、浓度及作用参见表22。

表22　苹果叶面喷肥时期、种类、浓度及作用

喷布时期	肥液种类及浓度	作用
萌芽前	4%进口尿素 2%硫酸锌	促进萌芽与坐果 防治小叶病
花期	0.3%硼砂	增加坐果，防止缺硼及果实木栓斑点病
落花后至果实套袋前	0.2%氨基酸复合肥 8%的氨基酸铁400～800倍 0.3%氯化钙、1 200～1 500倍痘丽净 400倍的氨基酸钙 0.3%硼砂	增加坐果，提高品质 防失绿症 防缺钙症及果实苦痘病 防缩果病
采前约1个月	0.3%～0.5%磷酸二氢钾 0.3%氯化钙、400倍的氨基酸钙 1 200～1 500倍痘丽净	促进着色 防止缺钙及果实苦痘病
采收后	4%进口尿素	增加树体贮藏营养

（5）有条件的产区，应根据土壤和叶片分析结果进行营养诊断施肥。

3. 灌水和排水

（1）根据降水量和田间持水量灌水。萌芽前后至新梢和幼果迅速生长期，当土壤含水量大于田间持水量60%时，不灌

溉。低于 60%时，灌水 1～2 次，每次灌水渗透深度应达 0.5～0.8 米。落叶至土壤封冻前灌透冻水。花期、花芽分化前、果实成熟前应适当控制灌水。除雨季外，一般土壤施肥后需灌水。提倡应用水肥一体化技术，推广应用滴灌、微喷等节水灌溉技术。

（2）**在建园时，要做好排水系统设施，及时排水。**雨季前要疏通苹果园内外排水沟，保证苹果园内 50 厘米以上土层雨后积水不超过 24 小时。

五、整形修剪

1. 树形

（1）**疏散分层形。**分上下二层，第一层 3 个主枝，每主枝配置 1～2 个侧枝，主枝基角 70°～80°；第二层主枝 2 个，不配置侧枝。10 年生左右落头开心，树高 4 米，冠径 3～6 米。株行距为 4～5 米×6～8 米时采用。

（2）**开心形。**每株留 2～4 个主枝，其上配置大、中型枝组，不配置侧枝。株行距为 4～5 米×6～8 米时采用。

（3）**单层主干形。**只一层配置三个主枝，基角 70°～80°，不配置侧枝，直接配置大、中型枝组，中心干部分不配置二层主枝，只配置枝组。株行距为 1.5～4 米×3～5 米时采用。

（4）**自由纺锤形。**自干高 70～80 厘米处往上留 9～12 个侧生主枝，主枝下长上短，主枝与主枝间保留适当间隔，沿中心干各个方向分布，基角 80°，主枝延伸长度不得超过 2 米，树高 3.5 米。株行距为 1.5～4 米×3～5 米时采用。

（5）**细纺锤形。**树高 3 米，冠径 2～3 米，主枝配置同自

由纺锤形，但主枝延伸长度不得超过1.6米。细纺锤形主枝长度比自由纺锤形短，但主枝数量比自由纺锤形多。主枝基部粗度相当于着生部位中心干的1/2～1/3，株行距为1.5～4米×3～5米时采用。

2. 修剪

（1）**疏散分层形**。定干高度80厘米左右，定植1年后选出三主枝，2～5年中心干和主枝适度短截，留50～80厘米，其后可不短截或轻短截，3～4年左右选出二层主枝。

（2）**开心形**。定干高度100厘米，开始整形同单层主干形，但主枝间隔要大些，6年以上再逐步去除中心干。

（3）**单层主干形**。定干高度80厘米，定植后1～2年选出基部3个主枝，2～4年中心干和主枝适当短截，其后可不短截。

（4）**自由纺锤形和细纺锤形**。自由纺锤形定干高度80～100厘米，定植后第二年，主枝可适当短截，以后不短截或轻截，中心干短截3～4年。细纺锤形，定干高度100厘米或不定干，主枝原则上不短截，5月下旬至6月上旬对需要长枝部位的短梢顶芽涂抹发枝素，加速整形。为加大主枝与中心干粗度差异，在夏季对侧生新梢进行重摘心，或在冬季对侧生枝进行重短截，只留基部2～3芽。

（5）幼树整形阶段，2芽竞争枝一般疏除，留下部基角大的枝作主枝。

（6）**幼树是边整形边增枝**。增枝技术措施：冬季修剪轻剪多留枝；春季萌芽前后，对辅养枝尽量多刻芽；生长季节对新梢侧芽涂抹发枝素；摘心；加大枝梢角度等。树龄3～6年生

时，每 667 米^2 枝量达到 1.5 万～3 万个，中短枝占 60%～70%。

（7）**促花技术**。对幼旺树难成花的当年生枝条，采取春天（春分—清明）刻芽，夏天（5 月下旬～8 月）环切、拧枝、背上枝摘心等措施进行促花，以提高幼树早期产量。在促花措施运用上不提倡环剥。

（8）从初结果期至盛果期，继续整形和增枝促花。注意控制树高和树冠，树冠覆盖率以 60%～80%为宜，树高参照树形中的要求。

（9）盛果期修剪注意克服大小年，大年对中、长果枝多短截，营养枝多缓放；小年则相反，对中、长果枝一般不短截，对营养枝多短截。对枝组注意更新复壮，多培养 2～5 年生结果枝段，做到“树龄老，枝龄小”。要特别注意改善光照条件，每 667 米^2 枝量控制在 6 万左右，树冠内透光率＞40%。注意维持适宜树势，中、短枝占总枝量 90%，长枝占 10%，保证生产出优质果品。

六、花果管理

1. 果枝量

每 667 米^2 果枝量根据品种、土壤及肥水情况而定。初结果期果枝占总枝量的 10%～15%；盛果期树应占总枝量的 20%～30%，产量维持在 1 500～2 500 千克。

2. 授粉

花期以壁蜂授粉为主，每 667 米^2 60～150 头。个别花期

阴雨天壁蜂不能正常工作的年份，进行人工辅助授粉，方法是花朵处于气球状时采花，在采主要授粉品种花朵的同时，适量采集其他品种花朵，制作混合花粉。人工点授，用5倍滑石粉稀释，主要给中心花授粉；纱布袋授粉，用10倍滑石粉稀释，宜在盛花期进行，将纱布袋在树冠中花集中部位振动。

3. 疏花疏果

（1）**疏花**。坐果率高且花期无冻害地区的苹果品种，以疏花为主。花量过多，在显蕾至开花前，可疏除整个花序；花量略多时，以疏除边花为主，保留中心花及高序位花1～2朵。

（2）**留果数量**。大型果以有5片叶以上枝计，5～6个枝留一个果；按果与果间隔，20～25厘米留一个果，只留单果。早熟和小型果品种可适当多留。总留量高于预计产量10%左右。

（3）**疏果技术**。疏果任务在谢花后10天左右进行，半个月内完成。疏果原则：留中心果，疏边果；留大形果，疏小果、畸形果；留果形指数大的果，疏果形指数小的果；留有果台副梢的果，疏无果台副梢的果；留下垂果，疏背上和斜生果；留好果，疏病虫为害果。

4. 套袋和摘袋

（1）**套袋时间**。待疏果完成后进行（5月下旬～6月上旬）。红色品种在落花后35～40天开始套袋，黄色品种和绿色品种疏完果后即可套袋，同一园片应在一周内套完。具体时间以晴天上午9：00～11：00和下午2：00～6：00为宜，以避开早晨露水、药剂未干和中午阳光最强的时段。

（2）套袋前喷一遍杀虫杀菌剂，喷后及时套袋。

（3）采用双层袋，套袋前将纸袋撑开，套后用封口卡子扎紧。

（4）果实采收前15～20天摘袋；套内层为红色的双层纸袋，先摘外袋，1周后于下午或阴天时摘内层袋。单层或内层为黑色的双层纸袋，可一次性摘袋。

5. 摘叶、转果和铺反光膜

（1）果实着色期将有碍果实着色的叶片摘除。

（2）待果实阳面着色后，将果实轻轻扭转，使果实阴面向阳。

（3）果实着色期前，地面铺银色反光膜。

七、病虫害防治

1. 基础防治措施

（1）加强栽培管理、增施基肥、合理排灌、控制湿度、控氮增钾、合理负载、增强树势是抗病虫害的基础。建园时不用刺槐、松柏、龙柏、杨树等作果园防护林，如已采用，在防治有关病虫害时，连同防护林一起防治。加强苗木检疫，采用不带病虫的砧穗和苗木。

（2）行间种植豆科紫花苜蓿，可以固氮增加土壤肥力，改善果园小气候和抑制杂草生长，有利于叶螨、蚜虫、食心虫等的天敌繁殖，在天敌达到一定数量时，适时刈割，迫使天敌上树控制虫害。

（3）果园铺草，一般是在雨季到来之前在树冠下的树盘内铺麦秸草或稻草等，厚度15～20厘米。通过铺草可保持土壤水分，调节土壤湿度，增加土壤有机质，利于根系对水分和养分的吸收。

(4) 结合冬剪，剪除病虫枝及干枯果台和僵果，对剪口涂药保护；结合夏剪，剪除卷叶虫、苹果瘤蚜、各种病害为害的枝梢，并集中焚烧或挖坑深埋。

(5) **果实套袋，可兼治多种食果害虫。**套袋前要喷施杀虫杀菌剂。

(6) 在生长季及时摘除轮纹病、炭疽病和食心虫危害果，烧毁或集中深埋。

(7) **搞好果园清洁工作，压低病虫基数。**秋末冬初彻底清扫落叶，拾净落果，及时清除出园，刮除树干老皮，将翘皮刮净，至光滑为止。收净刮皮，集中焚烧，经检查如有较多天敌时，可先把天敌适当存放后再行处理。

(8) 在秋季害螨、害虫越冬前，在树干下部绑草绳，诱集越冬虫态害虫。在冬季或翌年早春解下草绳烧毁。

(9) 利用短波灯光、性诱剂、气味物等诱杀果园害虫，具有使用安全、对天敌影响较小、不污染环境、经济效益显著的特点，值得进行示范和推广。如佳多频振式杀虫灯，灯外配以频振式高压电网触杀，使害虫落袋，达到降低田间落卵量，压低虫口基数而起到防治害虫作用。气味物诱杀包括性诱剂诱杀和迷向、糖—酒—醋诱杀、烂果诱杀等方法。

(10) **用人工除草的方法去除杂草。**

(11) **使用化学农药的安全期要求。**病虫害化学防治药剂在整个生长季节中的使用次数和最后一次使用距采收的时间(天)，用圆括号注于各农药之后。如5%噻螨酮1 500～2 000倍液（1，40），表示整个生长季节中允许使用1次，最后使用期距采收的时间须在40天以上。药剂后未用圆括号标注的化学合成农药，也是在整个生长季节只能使用1次，最后使用期距采收的时间一般要在30天以上。

2. 主要虫害防治

（1）叶螨类（主要是山楂叶螨、苹果全爪螨和二斑叶螨）。 萌芽前喷施3～5波美度石硫合剂，此药对多种病虫害都有防治作用。

山楂叶螨可在苹果萌芽前，在越冬雌成螨的越冬部位涂以3厘米的油环，当越冬雌成螨累计出蛰率达50%时为防治适期；苹果全爪螨的越冬卵孵化率达到50%时为防治适期。可喷施0.3～0.5波美度石硫合剂，螨口密度低可不喷药。第一代幼螨孵化盛期（落花后7～10天）和第二代幼螨孵化盛期（约在麦收之前），是防治叶螨的关键时期，以后世代不整齐，视虫情决定是否喷药。在平均每叶片3头雌成螨时为喷药适期。一般情况下，喷施0.3～0.5波美度石硫合剂。在为害严重时，用5%噻螨酮（尼索朗）乳油1 500～2 000倍液（1，40）；或0.3%苦参素植物杀虫剂500～1 000倍液进行防治。

应注意保护的天敌有：捕食螨、六点蓟马、食螨瓢虫、小花蝽、食虫盲蝽、草蛉等。

（2）蚜虫类。 主要有绣线菊蚜和苹果瘤蚜。为害严重的果园，萌芽前喷布5%重柴油乳剂1次。杀死越冬卵。及时人工摘除虫枝。

苹果瘤蚜为害严重时，萌芽时喷布50%抗蚜威2 500倍液（1，15）；0.3%苦参素植物杀虫剂1 000倍液；10%吡虫啉可湿性粉剂3 000倍液；或用40%乐果乳油2～6倍液涂干包扎。

绣线菊蚜一般性为害可不喷药，严重时喷22%阿立卡微囊悬浮—悬浮剂4 000倍液（1，30）或灭蚜菌水剂100倍液；10%吡虫啉可湿性粉剂3 000倍液；或0.3%苦参素植物杀虫剂水剂1 500倍液。进入雨季，一般不用喷药。

应注意保护的天敌有：瓢虫类、草蛉类、食蚜蝇、蚜茧蜂等。

（3）**桃小食心虫**。可使用桃小食心虫性诱芯进行测报和诱杀防治。测报方法：在成虫发生前，在果园设置桃小食心虫性诱剂水碗诱捕器，一个果园设3～5个，将其悬挂于树背阴处的枝干上，距地面1.5米。水碗内盛水并加少量洗衣粉，以利湿润投碗的成虫，防止其逃逸。在碗上方吊悬性诱剂芯1枚，诱芯距水面1厘米左右。每天观察诱捕器诱蛾情况，当诱捕器诱到桃小食心虫成虫时，立即进行树下地面防治。另外，还可使用上述办法每667米^{2}放置3～5个诱捕器进行大量成虫诱杀，可压低虫口基数，减少化学防治次数。

地面防治方法：可用每667米^{2}1亿条芜菁叶蛾线虫进行树盘喷雾，至喷湿为准；或用大块塑料布覆盖树盘，防止成虫出土；或用40%辛硫磷乳油200倍液处理土壤。在桃小食心虫脱果入土时，也可采用喷芜菁叶蛾线虫防治。在未套袋果园，于被害果落地时，经常捡拾落果或摘除树上的虫果，集中处理，也可减少虫源。

树上喷药可根据卵果率进行，当卵果率达1%左右时即可喷药。可选用的药剂有：2.5%劲彪（高效氯氟氰菊酯）乳油2 000倍液（1，30）；0.3%苦参素植物杀虫剂水剂1 500倍液；25%灭幼脲3号悬浮剂1 000倍液；或1.5%天然除虫菊素水乳剂1 500～2 000倍液。

果实套袋，可兼治多种食果害虫。

应注意保护的天敌有：甲腹茧蜂、齿腿姬蜂等。

(4) **苹果小卷叶蛾**。采用性诱剂挂于园中诱杀成虫并进行测报，诱捕器挂法同桃小食心虫。挂放时间可在田间苹果小卷叶蛾老熟幼虫化蛹后1周将诱捕器挂出，以后每天检查诱捕器内诱捕的成虫数量，记录后将虫捞出，以利下次记录。当成虫高峰出现后应立即喷药防治。也可以采用苹果小卷叶蛾性诱捕器进行大量诱杀防治。每667米^{2}用诱捕器5个，间距15米。

越冬喷药应掌握在开花前幼虫大部分出蛰时进行，冬后各代根据上述性诱结果或幼虫初孵化期进行，重点防治越冬代和第一代。常用药剂14%福奇微囊悬浮—悬浮剂4 000～5 000倍液（1，30）；Bt每毫升100亿芽孢悬浮剂400倍液；0.3%苦参素植物杀虫剂水剂1 000倍液；90%敌百虫晶体或80%可湿性粉剂1 000倍液（生理落果后才能使用）；40.7%乐斯本乳剂2 000倍液；或15%蓖麻油酸碱乳油800～1 000倍液。还可以在成虫高峰后，田间释放松毛虫赤眼蜂，每667米^{2}10万头，可连续释放4～5次。

应注意保护的天敌有：赤眼蜂、甲腹茧蜂、蟹蛛、白僵菌等。

(5) **金纹细蛾**。金纹细蛾发生严重的果园，每667米^{2}果园挂5个金纹细蛾诱芯，诱杀成虫并测报。在成虫发生盛期，喷布25%灭幼脲悬浮剂35～50毫升/667米^2（1，30），或氟铃脲4 000～6 000倍液。

天敌有：金纹细蛾跳小蜂、金纹细蛾绒茧蜂、金纹细蛾姬小蜂等。金纹细蛾跳小蜂的利用方法：可在10～11月份苹果落叶前采集带蜂叶片，或在冬季及早春清扫落叶时检出有寄生蜂的叶片，放入养虫笼中或置于果园避风处保存。来年将有寄生蜂的叶片放入尼龙网纱袋中，悬挂于树冠内，每 667 米^2 挂袋 3～5 个，每袋放有跳小蜂蛹茧的寄主尸体 5～10 个，可出蜂 150～500 头。

3. 主要病害防治

（1）**腐烂病**。在苹果发芽前，细致刮除枝干粗翘皮，全树喷布 3～5 波美度石硫合剂。

从 3 月份起组织专人查找病斑，10 天左右复查一次，重点是 3～4 月和 7～9 月，主要采用刮治加涂抹药剂保护。刮除病斑要彻底，找出病斑边缘，并刮去部分好皮，伤口要切齐，刮好后涂药。常用消毒药有 843 康复剂原液；2%农抗 120 水剂 10 倍液；或 5%菌毒清水剂 50 倍液等。当年病斑在夏、秋季再补刷 2 次消毒剂。对近 2～3 年的旧病斑也应与新病斑同时涂药，防治旧病复发。同时对较大的锯口也要涂刷消毒剂。入冬前可对治疗后的病斑及锯口涂刷复方煤焦油保护剂。

（2）**轮纹病**。本病为害枝干和果实，在枝干上称为粗皮病。要避免用杨树或刺槐作防风林，并要注意核桃、杨、柳、刺槐等林木的干腐病菌及枝枯病菌，它们均能引起轮纹型烂果。

轮纹病初期侵染来源于枝干病瘤，要剪除病枯枝，早期刮治病瘤、病皮及翘皮，涂抹 50%多菌灵 100 倍液渗透剂（如加倍威 2 000 倍液）。实行果实套袋，在套袋前可喷施 40%福星乳油 7 000～8 000 倍液加 90%乙磷铝可湿性粉剂 600 倍液，药液干后立即套袋。5～7 月对感病枝干进行重刮皮，消除病斑，将刮下的树皮集中烧毁，用 5 波美度石硫合剂或 2%硫酸铜溶液消毒。

防治果实病害是在花后10天左右喷第一遍药，以后每隔15～20天喷一次50%硫悬浮剂400倍液；华光霉素可湿性粉剂600倍液；或80%大生可湿性粉剂600～800倍液。药液中可混加助渗剂加倍威2 000倍液。雨季防治以1∶2∶200倍波尔多液为主。

(3) **炭疽病**。彻底清除树体病原，如树体上的小僵果、病枯枝、死果台，集中烧毁或深埋。果树发芽前喷5%～10%重柴油乳剂。药剂防治着重幼果期，落花后每隔半月喷一次药。适用的药剂有：50%硫悬浮剂400倍液；2%农抗120水剂200倍液；75%百菌毒清可湿性粉剂800倍液（1，30）或1∶2∶200倍波尔多液。其他可参考苹果轮纹病。

在贮藏期要注意控制库内温度，并及时剔除病果。

(4) **斑点落叶病**。合理修剪，疏除不必要的徒长枝，改善树冠透风透光条件。秋末彻底清扫落叶，剪除病梢，集中烧毁或深埋。

一般在6月上中旬开始发生，7～8月为盛期，喷布10%世高（苯醚甲环唑）水分散颗粒剂2 000倍液（1，30），10%多抗霉素1 000～1 500倍液，或50%异菌脲（扑海因）可湿性粉剂1 000～1 500倍液（1，20）。后期以倍量式波尔多液为主。

八、采收与包装贮运

1. 果实质量

应符合表23的要求。

表 23　鲜苹果的感官指标

项目	要　　求
基本要求	各品种的苹果都应果实完整良好，新鲜洁净，无异常气味或滋味，不带不正常的外来水分，细心采摘，充分发育，具有适于市场或贮存要求的成熟度
果形	具有品种的特征果形，无畸形果，允许果形有轻微缺点
色泽	其有本品种成熟时应有的色泽

2. 采收

（1）在果实达到适宜成熟度采收。

（2）采时轻拿轻放，采收容器内有软衬垫，防止扎、碰、压等机械损伤。

（3）挑出病虫、伤、烂等不合规格次果，好果按绿色食品苹果要求进行分级。

3. 包装贮运

（1）**果实包装**。应符合第五章第一节的要求。

根据不同的绿色食品选择适当的包装材料、容器、形式和方法，以满足食品包装的基本要求；包装的体积和质量应限制在最低水平，包装实行减量化；在技术条件许可与商品有关规定一致的情况下，应选择可重复使用的包装，若不能重复使用，包装材料应可回收利用，若不能回收利用，则包装废弃物应可降解。

（2）**贮藏运输**。应符合第五章第二节的要求。

第二节　桃生产操作规程*

内容提要

本节规定了绿色食品桃的产地条件、品种选择、苗木和定植、整形修剪、花果管理、土肥水管理、病虫害防治、采收与包装贮运等技术要求。

一、产地条件

1. 环境条件

环境条件应符合第一章的要求。

2. 气候条件

年平均气温 8～17℃，1 月份平均气温不低于－10℃，年降雨量 500～800 毫米，年日照在 1 200～1 800 小时。

3. 土壤条件

土层深厚，排水良好的沙壤土和轻壤土。pH5.0～7.5。含盐量 0.2%以下。地下水位在 1 米以下，低洼地和排水不良地块不宜种桃。

---

* 摘编于《绿色食品　桃生产操作规程（华北地区）》（LB/T 1002—2009）。

4. 轮作

前茬为桃、李等核果类园地，不宜继续栽植桃树，如需再植，应改种其他作物4～5年后方可。

二、品种选择

1. 品种组成

选择适合本地区的优良品种，注意早中晚熟品种搭配。远离大城市地区，选择耐贮运的中晚熟品种为主。目前，在烟台市主要推广的品种有早凤王、春艳、安农水蜜、红甘露、新川中岛、莱州仙桃、华光、艳光、莱山蜜、寒露蜜等。

2. 无花粉品种一定要配置授粉树，有花粉品种也应该注意配置授粉树。一般主栽品种与授粉品种比例5～8∶1。

3. 注意选用抗病虫害、抗逆性较好的品种和砧木。

三、苗木和定植

1. 苗木

（1）苗木。要选用主侧根3个以上，长度20厘米以上，生长充实，苗高80厘米以上，基径粗1厘米以上，嫁接口愈合良好的嫁接苗。

（2）严禁使用有检疫对象的苗木。

（3）采用山桃和毛桃或青州蜜桃等作砧木。

2. 定植

（1）**定植密度。**株行距2.5～4米×5～6米。

（2）**定植时期。**春栽或秋栽。春栽于土壤解冻后，栽植后灌水，灌水后可用地膜覆盖，提高地温。秋栽于落叶后至土壤封冻前，栽后及时灌水，用地膜覆盖。

（3）定植坑直径0.8米，深0.8米。

（4）栽植前将苗木根部事先浸泡于水中，使其充分吸水后取出，对粗根轻截，用5波美度石硫合剂消毒，沾泥浆后栽植。

（5）定植前每株施腐熟有机肥40千克，磷酸二铵0.5～1千克，将有机肥、化肥与挖出表土混合，回填坑内，填至距地表25厘米左右，踩实或先灌水待其下沉后栽树，栽后及时灌水，树盘长宽至少留1米×1米。

（6）栽植深度。以苗木在苗圃覆土深度为准。

四、土肥水管理

1. 土壤管理

每年秋季在行间进行深翻改土，在树冠外围深翻40～60厘米。幼树行间可间作绿肥或豆类等作物。每次灌水及降雨后进行中耕。

2. 成年树采用行间生草，行内清耕或覆盖。人工种植鼠茅草、白三叶草、麦草等，或自然生草，行间草高30～40厘米时，人工或机械刈割，留茬高度保持8～10厘米，1年3～4次，将割下的草覆盖树盘。

3. 施肥

（1）**施肥原则**。应符合第二章第二节的要求。

（2）**基肥**。于秋季果实采收后（9～10月）结合耕翻改土施入。基肥按每100千克果150千克腐熟有机肥计算，同时混入磷酸二氢铵1.2千克，硫酸钾1.2千克。一般每667米^{2}施3 000～4 000千克优质有机肥，以沟施为主，施肥部位在树冠投影范围内。施肥方法为挖放射状沟、环状沟或平行沟，沟深30～45厘米，施后灌水。

（3）**追肥**。萌芽前及花后一周，每100千克果追施尿素0.5千克，开10厘米深的环状沟施入；果实硬核期每100千克果施尿素0.3千克；果实膨大期每100千克果施硫酸钾1.0千克。追肥后及时灌水。采前30天内禁止追肥。

（4）**根外追肥**。萌芽前喷4%～5%硫酸锌，盛花期喷一次0.2%的硼砂溶液。硬核期前喷0.2%的尿素、0.2%磷酸二氢钾。采前20天内禁止根外追肥。

（5）有条件的产区，应根据土壤和叶片的分析结果，进行营养诊断施肥。

4. 灌溉与排水

（1）萌芽前结合追肥灌一次水，硬核期灌一次水，采前15天禁止灌水，入冬前灌好封冻水。

（2）雨季前要疏通排水系统，保证雨季排水通畅，桃怕涝，严防桃园内积水。

五、整形修剪

1. 树形

（1）**自然杯状形**。干高40～50厘米。定干后第一年秋至第二年春，选留三个方向分布均匀、生长势相近、发育良好的一年生枝为一级主枝，剪留长度为50厘米左右，具体剪留长度，一般枝粗1厘米，留30厘米左右，2厘米粗的留50～60厘米。最好不用邻接芽枝。栽后第二年秋至第三年春，在一级主枝上选生长健壮、角度与方向合适的两个发育枝培养成二级主枝。全树留6个分布均匀的主枝，成形后每主枝上配备2～3个侧枝。

（2）**自然开心形**。干高40～50厘米。定干后第一年秋至第二年春，选留三个邻近或错落、分布均匀、生长势相近、发育良好的一年生枝为一级主枝，主枝剪留长度为50厘米左右。栽后第二年秋至第三年春，开始在主枝上选留侧枝，每主枝上选留2～3个侧枝，各主枝上的侧枝应相互错落开，侧枝的剪留长度为主枝长度的2/3。

（3）**“Y”形**。干高40～50厘米。此树形在株密行距大时应用，定干后第一年秋至第二年春，选留两个方向伸向不同行间、生长势相近、发育良好的一年生枝为主枝，剪留长度为50厘米左右，一般不用邻近芽枝。栽后2～4年，在株距大的情况下，每主枝可配置1～2侧枝；反之，则不用配侧枝，只配大、中形枝组。

（4）**自然纺锤形**。密植桃园可以选择自然纺锤形树形。

2. 修剪

目前，生产上冬季修剪有长枝修剪和短枝修剪两种方法。

(1) **长枝修剪。**一般对果枝不短截，以疏剪为主，长果枝与长果枝同侧间距约 40 厘米，不同侧间距约 20 厘米，以斜上和两侧为好。结果下垂后，利用长枝后部枝或着生于母枝上萌发的新枝更新。长、中果枝结果为主的多留长、中果枝；短果枝结果为主的多留些短果枝。每 667 $米^2$ 留枝量为 1.0 万～1.6 万，长、中果枝结果为主少留枝；短果枝结果为主的多留枝。

(2) **短枝修剪。**对长、中果枝适度短截。果枝间隔，长、中果枝枝头间距为 20 厘米。每 667 $米^2$ 留枝量 1.5 万～2.0 万。徒长性结果枝在其上有分杈处留弱枝短截，长果枝剪留 5～8 节花芽，中果枝剪留 4～5 节花芽，短果枝和花束状短果枝不剪，徒长枝一般应疏除。幼树期由于长势较旺，结果枝剪留长度要长些。

(3) 在主、侧枝上注意培养结果枝组。短枝修剪培养方法有两种：一是先截后放再回缩；二是先放后回缩。长枝修剪比较简单，一般是长放不剪再回缩。

(4) **夏季修剪** 一年进行三、四次。

第一次抹芽。4 月下旬至 5 月初进行。主要抹去并生芽、无用芽和新梢，留方向和角度适合的芽和新梢。

第二次夏剪。在新梢迅速生长期（5 月中下旬至 6 月上旬）进行。主要是控制剪口梢下的竞争枝，剪去直立的徒长梢，对过密的徒长性果枝要疏去，有空间的可短截培养成结果枝组。另外，要注意调整延长枝的角度和方向，对直立品种要选留距主枝基部 30 厘米左右处，方向和角度适合的副梢作延长枝，控制原延长枝头，有利主枝开张角度。

第三次夏剪。在花芽分化期（7月中上旬）进行。对未停止生长的徒长性果枝和长果枝剪去1/4～1/5；副梢摘心，控制其生长；疏除过密枝，以改善光照，促进花芽分化。

第四次夏剪。在新梢停止生长期（8月下旬至9月上旬）进行。主要是对上次夏剪后新发出的副梢及骨干枝的延长枝进行摘心，控制生长，促进枝条成熟，提高枝条抗性。长枝修剪，以疏剪为主，少短截。

（5）整形修剪一定要注意通风透光。桃树为喜光树种，树冠覆盖率维持70%左右，过密园要间伐或对树体结构进行调整。树冠下透光率>40%。

六、花果管理

1. 保花保果

对坐果率低的品种，花芽受冻或花期受霜害时，最好进行人工授粉或花期放蜂。

2. 疏花疏果

（1）**疏花**。短枝修剪树，对坐果率高的品种，疏除结果枝基部的花，留中上部的花；疏双花，留单花。长果枝留4～6朵，中果枝留2～4朵，短果枝留2朵，花束状果枝留1朵或不留。长枝修剪树，一定要将果实留在枝中前段，中后部切忌留果。一定要使果枝先端下垂，有利后部发枝。对长枝后部可先疏花或蕾。

（2）**疏果**。人工疏果时，短枝修剪，一般长果枝留果2～

3个，中果枝留果1～2个，短果枝及花束状果枝留1个或不留。大果型品种适当少留，小果型品种适当多留。长枝修剪，长果枝中、上部留果3～4个，中果枝留果2～3个，短果枝留1个或不留，大果型品种还可少留。

3. 套袋

（1）在生理落果基本结束时（6月上旬前后）进行套袋。早熟品种不套袋。

（2）套袋前喷一次杀虫杀菌剂。

（3）套袋时应将纸袋撑开，套后将袋口牢固地捆扎在果枝上。

（4）摘袋。着色品种可在采收前10天左右去袋；不着色品种连同纸袋一起采摘。

七、病虫害防治

1. 基础防治措施

（1）加强栽培管理、增施基肥、合理灌溉、控制湿度、控氮增钾、合理负载、增强树势是抗病虫害的基础。加强苗木检疫，采用不带病虫的砧穗和苗木。

（2）行间种植豆科紫花苜蓿，可以固氮增加土壤肥力，改善果园小气候和抑制杂草生长，还有利于叶螨、蚜虫、食心虫等的天敌繁殖。在天敌达到一定数量时，适时刈割，迫使天敌上树控制虫害。

（3）果园铺草。可增加土壤肥力。一般是在雨季到来之前在树冠下的树盘内铺麦秸草或稻草等，厚度15～20厘米。通过铺草可保持土壤水分，调节土壤温度，增加土壤有机质（铺的草经过一年的风吹、日晒、雨淋，腐烂后变成肥料），利于根系对水分和养分的吸收。

（4）结合冬剪和夏剪，剪除病虫枝及僵果，集中焚烧或挖坑深埋，并对剪锯口涂药保护。

（5）果实套袋，可兼治多种食果害虫。套袋前要喷施杀虫杀菌剂。

（6）在生长季及时摘除病虫果，烧毁或集中深埋。

（7）搞好果园清洁工作，压低病虫基数。秋末冬初彻底清扫落叶，拾净落果，及时清除出园，刮除树干老皮，将翘皮刮净，至光滑为止。收净刮皮，集中焚烧，经检查如有较多天敌时，可先把天敌适当存放后再行处理。

（8）在秋季害虫越冬前，在树干下部绑草绳，诱集越冬虫态害虫，在冬季或翌年早春解下烧毁，消灭在此越冬的害虫。

（9）在果树休眠期进行树干涂白，可以保护树干，防治日灼和冻害，并具有杀虫杀菌作用。涂白时间以两次为好，第一次在落叶后至土壤结冻前，第二次在早春。涂白的部位以主干为主，幼树、树冠不完整的大树、病树、树干的南面及枝杈向阳处应重点涂。不要在枝梢上涂，以免烧坏芽子。涂白剂有不同的配方，一般可用生石灰 10 份、硫黄粉 0.5 份、食盐 0.2 份、动物油 0.2 份和水 35 份进行配制。

（10）利用短波灯光、性诱剂、气味物等诱杀果园害虫，具有使用安全、对天敌影响较小、不污染环境、经济效益显著的特点，值得进行示范和推广。如佳多频振式杀虫灯，灯外配以频振式高压电网触杀，使害虫落袋，达到降低田间落卵量，以压低虫口基数达到防治害虫的作用。气味物诱杀包括性诱剂诱杀和迷向、糖—酒—醋诱杀、烂果诱杀等方法。

(11) 用人工除草的方法去除杂草。

(12) 使用化学农药的安全期要求。病虫害化学防治药剂在整个生长季节中的使用次数和最后一次使用距采收的时间(天)，用圆括号注于各农药之后，如5%噻螨酮1 500～2 000倍液（1，40)，表示整个生长季节中允许使用1次，最后使用期距采收的时间须在40天以上。药剂后未用圆括号标注的化学合成农药，也是在整个生长季节只能使用1次，最后使用期距采收的时间一般要在30天以上。

2. 主要虫害防治

(1) **梨小食心虫**。新建果园要避免同梨、杏、李混栽。春、夏季要及时剪除桃树被害梢。在果实采收前，在树干上绑草绳，诱集幼虫在此越冬，冬季解下烧掉，以消灭越冬幼虫。

进行测报和诱杀成虫。糖酒醋诱杀：在成虫发生期，用糖酒醋液制成水碗诱捕器，挂在树上诱杀成虫，每667米^2 2～3个。每天或隔日清除虫尸，并加足糖酒醋液。糖酒醋液比例为：糖1份∶酒3份∶醋1份∶水80份，要将四者混匀。性诱芯诱杀：取直径15～20厘米的碗或小盆，里面盛满水，水中放少许洗衣粉。将梨小食心虫性诱芯悬挂于水面上方约1厘米处，将水盆挂于树干距地面1.5米处，每667米^{2}挂4～5个。

根据性诱或糖酒醋诱虫数据，在成虫高峰后连续释放松毛虫赤眼蜂，进行卵期防治。药剂防治在卵果率为1%时进行。适用的药剂有：100亿芽孢/毫升Bt悬浮剂400倍液；0.3%苦参素植物杀虫剂水剂1 000倍液；48%乐斯本乳油2 000倍液（1，30)；或25%除虫脲可湿性粉剂1 000～1 500倍液（1，30)。

应注意保护的天敌有：赤眼蜂类、齿腿瘦姬蜂、小茧峰、钝唇姬蜂、白僵菌等。

（2）桃蛀螟。越冬虫化蛹前处理向日葵、玉米、蓖麻等寄生植物的残体，消灭其中幼虫。可使用黑光灯、糖醋液或性诱剂诱杀和测报成虫。在成虫产卵前进行果实套袋。药剂防治在蛾高峰后进行（5 月底、6 月初），适用的药剂见梨小食心虫。树上喷药可调查卵果率，当卵果率达 1%左右时即可喷药。可选用的药剂为 0.3%苦参素植物杀虫剂 1 500 倍液；25%灭幼脲 3 号悬浮剂 1 000 倍液；或 1.5%天然除虫菊素水乳剂 1 500～2 000 倍液。

（3）蚜虫类（包括桃蚜、桃瘤蚜、粉桃蚜）。为害严重的果园，萌芽前喷 5%重柴油乳剂，杀死越冬卵。桃瘤蚜严重时可在萌芽时用 40%乐果乳油 2～5 倍液涂干包扎。其他时期可选用如下药剂进行防治：50%抗蚜威可湿性粉剂 2 500 倍液（1，30）；0.3%苦参素植物杀虫剂水剂 1 000 倍液；灭蚜菌水剂 100 倍液；1.5%天然除虫菊素水乳剂 1 000～1 500 倍液；或 45%松脂酸钠可溶性粉剂 500 倍液。

应注意保护的天敌：草蛉类、瓢虫类、食蚜蝇、蚜茧蜂等。

（4）蚧类（包括桑盾蚧、朝鲜球蜡蚧、扁平盔蜡蚧、桃球蜡蚧）。在桃树发芽前，蚧虫发生严重的果园，喷施 5%重柴油乳剂防治越冬蚧壳虫。生长季若虫分散转移期到分泌蜡粉蚧壳之前是关键防治期，可喷药防治。适用的药剂有：0.3 波美度石硫合剂加 0.1%～0.2%洗衣粉；40%乐果乳油 1 000 倍液（1，30）；或天然除虫菊素水乳剂 1 000～1 500 倍液。

应注意保护的天敌有：黑缘红瓢虫、红点唇瓢虫、日本方头甲等。

（5）**桃红颈天牛。**成虫发生前树干涂白（见基础防治）。白天捕杀成虫。幼虫孵化后检查枝干，发现排粪孔用铁丝刺杀幼虫。或用80%敌敌畏乳油15～20倍液（1，10）涂抹排粪口。幼虫蛀入木质部后，用100倍40%乐果乳油灌注（1，30）。

应注意保护的天敌有：昆虫病原线虫、肿腿蜂、白僵菌、花绒坚甲等。

（6）**桃潜叶蛾。**在秋季落叶后，彻底清除落叶，集中烧毁，以减少越冬基数。药剂防治：在成虫发生期和幼虫初孵化时，喷洒25%灭幼脲3号悬浮剂2 000倍液；20%杀铃脲悬浮剂8 000倍液；或50%杀螟松乳油1 000倍液。

3. 主要病害防治

（1）**细菌性穿孔病。**加强桃园综合管理，增施有机肥，提高树体抗病性，是防病治病的最重要的措施。土壤黏重和地下水位高的果园，要注意改良土壤和排水。进行合理整枝修剪，创造通风透光条件。

桃树发芽前喷5波美度石硫合剂。发芽后喷施硫酸锌石灰液（硫酸锌0.5，消石灰2，水120），半个月左右喷1次，连续喷2～3次。发病较严重的果园，在落花后和幼果期，各喷施一次15%农用链霉素可湿性粉剂3 000倍液。

（2）**桃缩叶病。**早春桃芽开始膨大到露红期开始喷药，10～15天喷药一次，连续喷施2～3次。适用的杀菌剂有：30%绿得保硫胶悬剂400～500倍液；4波美度石硫合剂；5万单位井冈霉素水剂500倍液；或25%阿米西达水悬浮剂每公顷用有效成分75～200g。

（3）**桃炭疽病。**早春桃芽萌动前喷一次45%晶体石硫合剂30倍液；或0.3波美度石硫合剂进行防治。落花后喷施药剂间隔10～15天左右一次，连续防治2～3次。适用的药剂有：50%百菌清可湿性粉剂800倍液（1，30）。

（4）**桃树腐烂病**。主要采用刮治后涂药保护。刮除病斑要彻底，在病斑边缘再进一步刮去部分好皮，伤口要切整齐。常用的消毒药剂有：843康复剂原液；2%农抗120水剂10倍液；或5%菌毒清水剂50倍液。

（5）**桃树流胶病**。尽量避免在树枝干造成人工伤口，同时注意防治枝干上的病虫害造成的伤口。早春桃树发芽前将流胶部位病组织刮除。伤口涂45%晶体石硫合剂30倍液或5波美度石硫合剂，涂药后再涂煤焦油保护。桃树生长期喷药防治，半月一次。连续喷施3～4次。适用的药剂有：50%多菌灵可湿性粉剂800倍液（1，30）；或50%硫悬浮剂500倍液。

八、采收与包装贮运

1. 果实质量

见表24。

表24　桃的感官指标

项目	要　　求
基本要求	果实完整良好，新鲜清洁，无果肉褐变、病果、虫果、刺伤，无不正常外来水分，充分发育，无异常气味和滋味，具有可采收成熟度或食用成熟度，整齐度好
果形	果形端正，具有本品种的基本特征
色泽	果皮色泽具有本品种成熟时应有的颜色，着色程度达到本品种应有着色面积的2/4以上

2. 采收

（1）**采收时期**。白肉品种果实底色退绿成淡绿色，或成乳白色，果面大部分着色时采收。当地销售宜在八九成熟采收，远销外地时宜在七八成熟采收。

（2）**采收方法**。用手握住全果摘下，避免手指掐伤桃果。

（3）采收时要分期分批，随熟随采，保证成熟度和产量。

3. 包装与贮运

（1）**果实包装**。应符合第五章第一节的要求。

（2）**贮藏运输**。应符合第五章第二节的要求。

第三节 梨生产操作规程*

内容提要

本节规定了绿色食品梨的产地条件、品种选择、苗木和定植、整形修剪、花果管理、土肥水管理、病虫害防治、采收与包装贮运等技术要求。

一、产地条件

1. 环境条件

绿色食品产地环境应符合第一章第一节的要求。

2. 气候条件

年平均气温 7～15℃，1 月份平均气温不低于－10℃，年降雨量 400～1 000 毫米。年日照 2 600～2 800 小时。

3. 土壤条件

土层深厚，排水良好的沙壤土、轻壤土和中壤土。土壤有机质含量 0.8%以上。pH5.6～8.0，含盐量不超过 0.25%。

---

* 摘编于《绿色食品 梨生产操作规程（华北地区）》（LB/T 1003—2009）。

4. 轮作

前茬为梨树的园地，不宜继续栽植梨树，如需再植，需改种其他作物 4～5 年后方可。

二、品种选择

1. 品种组成

选择适合本地区的优良品种，注意早中晚熟品种搭配。白梨主要优良品种有鸭梨、雪花梨、酥梨、锦丰梨、苹果梨、早酥梨、金花梨、秋白梨、库尔勒香梨等。西洋梨主要优良品种有巴梨、三季梨、早红考密斯、康弗伦斯等。砂梨主要优良品种有黄冠梨、黄金梨、丰水梨、新高梨、圆黄梨、南水梨、翠冠梨等。秋子梨主要优良品种有京白梨、南果梨等。

2. 根据当地实际情况，注意选择抗病虫害、抗逆性和适应性强的砧木和品种。砧木以杜梨、豆梨和秋子梨为主。

3. 梨树为异花授粉，在品种选择上要注意授粉树的配置，主栽品种与授粉树之间的比例一般为 4～6∶1。

三、苗木和定植

1. 苗木

干高应在 120 厘米以上，嫁接口接穗直径应在 1 厘米以上，苗干成熟度好，侧芽饱满，无机械损伤，主根长 20～25 厘米，有 5 条以上侧根，根系直径达 0.3 厘米，侧根长度 15 厘米以上，无病虫害。

2. 定植

(1) **定植密度。**株行距4米×5～6米，每667米^2 28～33株。密植时株行距2～3米×4～5米，每667米^2 44～83株。

(2) **授粉树配置。**以行为单位配置授粉树，主栽品种与授粉树的比例为1～4∶1；以株为单位，最低比例为8∶1，即每3行8株主栽品种的中心定植1株授粉树。

(3) 定植坑长、宽、深度为0.8米，取土时将表土与底土分别堆放。

(4) 栽前将苗木根部浸泡水中，充分吸水后取出苗木，对直径0.2厘米以上的粗根轻截，以剪出新茬为宜。用0.5波美度石硫合剂消毒，沾泥浆后栽植。

(5) 定植前每株施腐熟有机肥50千克，磷酸二铵0.5～1.0千克，将有机肥、化肥与挖出的表土混合，回填坑内，填至距地表25厘米左右，踩实或先灌水待其下沉后栽树，栽后及时灌水，树盘长宽至少留1米×1米。降雨较多或地下水位较高地块宜用垄载。

(6) **定植时间。**冬季较温暖地区可秋栽，一般宜春栽。栽植灌水后，在树干基部培小土堆。5、6月待成活稳定后，将小土堆撤平。

(7) **栽植深度。**以苗木在苗圃覆土深度为准。

四、土肥水管理

1. 土壤管理

(1) **深翻改土。**定植后逐年对定植坑外土壤进行深翻改良，深60～80厘米，多结合深施有机肥进行，以秋季为好。由于梨根愈合恢复生长比较困难，深翻时尽量避免切断0.5厘米以上的粗根。

（2）**行间生草或间作**。幼树期行间人工种植鼠茅草、三叶草、黑麦草等，或自然生草，草高30～40厘米时，人工或机械刈割。留茬高度保持8～10厘米，1年刈割3～4次，将草覆盖树盘，4～5年耕翻一次，更新生草。间作宜种豆科等矮秆作物，不宜种玉米等高秆作物。

（3）盛果期，采取行间生草，株间生草或覆盖。

（4）秋季耕翻一次，近树干耕深10厘米，远处20厘米。生草处不耕翻。

（5）坡地梨园，应修筑梯田等水土保持工程，防止水土流失，达到保水、保土、保肥的作用。

（6）沙碱地梨园可用黏土进行压土（将黏土打碎），一次压土厚度为6～10厘米，经过耕作逐步将其混合。

2. 施肥

（1）**施肥原则**。应符合第二章第二节的要求。

（2）**基肥**。基肥以秋施为宜，在落叶前一个半月施入，秋季未施的也可春季萌芽前施入。幼树和初结果期树，每株施20千克腐熟有机肥，磷酸二铵0.5千克。采用环状或沟状施肥，沟深50厘米，宽30～40厘米。将表土与有机肥混合施入。

盛果期树施肥量依产量而定。原则100千克果需100千克腐熟有机肥、磷酸二铵0.8千克、尿素0.5千克。株距3米以上的以环状或放射状沟施为主，株距在3米以下的以条状沟施为主。环状沟施位置应在树冠边缘垂直投影下，沟深40～50厘米，宽40厘米。放射状为树冠下由内向外沿4个不同方向挖4条放射状沟。沟形状为内深宽约20厘米，外围深宽约50厘米。当树冠下基本布满肥料后，可改为撒施耕翻。

(3) **追肥。**幼树和初结果期树，萌芽前后或新梢迅速生长期，每株施0.5千克尿素。

盛果期树，在萌芽后新梢迅速生长期，每100千克果追施0.5千克尿素。果实迅速生长期每100千克果追施1千克硫酸钾。一般沿树冠边缘下挖10厘米深环状沟施入，覆土。采前30天内禁止追肥。

(4) **根外追肥。**盛花期用0.2%硼砂喷洒花朵。其他根外追肥进行2～3次，前期以0.3%尿素为主，后期为0.4%磷钾肥为主。秋季可喷1%～2%尿素。根外追肥一般与喷洒农药相结合，也可单独进行。采前20天内禁止根外追肥。

3. 灌水和排水

(1) **根据降雨量和田间持水量灌水。**萌芽前后至新梢和幼果迅速生长期，当土壤含水量大于田间持水量的60%时，不灌溉。低于60%时，灌水1～2次。6～10月、少雨年份造成土壤干旱时，可灌水1～2次，每次灌水渗透深度应达0.5～0.8米。落叶至土壤封冻前灌透冻水。花期、花芽分化前、果实成熟前应适当控制灌水。除雨季外，一般土壤施肥后灌水。

(2) 雨季前要疏通梨园内外排水沟，保证梨园内50厘米以上土层雨后积水不超过36小时。

五、整形修剪

1. 树形

（1）**中冠疏散分层形。**干高60～80厘米，10年生左右落头开心，树高4米，冠径4.0～4.5米。一层3～4个主枝，基角60°，每主枝配置1～2个侧枝；二层主枝2～3个，一般不配置侧枝。株行距4米×5～6米条件下采用。

（2）**自由纺锤形。**干高80～100厘米，树高3.0～3.6米，冠径2.5～4.0米。全树留10～14个侧生主枝。主枝下长上短。主枝与主枝间隔15厘米左右，沿中心干分布各个不同方向，方向相同的两主枝间隔50厘米以上，主枝基角约80°，下层主枝延伸长度不得超过2米。株行距2～3米×4～5米条件下采用。

2. 修剪

（1）**中冠疏散分层形。**定干高度60～80厘米，定植后1～2年选出基部3～4个主枝，2～5年中心干和主枝适度短截，根据延长枝长势留50～80厘米，以后可不短截或轻短截，在中心干上距离第一主枝约120厘米处开始留第二层主枝。5～6年后，骨干枝延长头以疏放为主，待中心干延长枝结果变弱后可落头开心。

（2）**自由纺锤形。**定干高度100厘米，定植后第二年，主枝可适当短截，以后不短截或轻短截，中心干短截3～4年。顶端第二芽夹角小，冬剪时疏除，或在生长季5月中旬进行重短截，促进基部芽萌发。

（3）成枝力强的品种应当适度疏除过密枝条，成枝力弱的幼树要注意目伤，促进成枝。梨树枝脆，生长季开张角度较为合适，角度不必太大，其结果后因果实重量可继续增大角度。

（4）梨树萌芽率高、成枝力低，短枝量大，成花容易，幼树一般不采用促花措施。但对生长过旺树或枝，也可采用环剥或多道环切措施，控制生长促进花芽形成。

（5）盛果期树通过修剪调节枝量，每 667 米^2 枝量保持 5 万左右，其中短枝占 80%～90%，中长枝占 10%～20%，花芽量 2.5 万～3 万个，每 667 米^2 产量可达 2 000～3 000 千克。

（6）**盛果期树注意克服大小年。**大年树长中枝多长放，中、长果枝多短截，对枝组进行细致修剪；小年树长枝多进行重短截，尽量多留果枝。对过多过密枝梢及时疏除，对枝组注意回缩更新。重视光照条件改善，树冠覆盖率<80%，冠内透光率>40%，有利于优质果品生产。

（7）**盛果末期注意更新复壮。**疏散分层形采取小更新，一般在 2～3 年生处回缩，剪去先端衰弱部位，保留直立壮枝。自由纺锤形可逐步进行，直到主枝彻底更新，利用其基部或附近部位的萌条，培养新的主枝。

六、花果管理

1. 果枝量

每 667 米^2 花芽量根据品种、土壤及肥水情况而定。一般盛果期树果枝约占总枝量的 30%～40%，结果初期占 20%。

2. 授粉

花朵处于气球状时采花，在采主要授粉品种花朵的同时，适量采取其他品种花朵，制作混合花粉。人工点授：用5倍滑石粉稀释，主要给边花授粉；纱布袋授粉：用10倍滑石粉稀释，在盛花时，将装有花粉的纱布袋在树冠中花集中部位振动。花期遇到不良气候条件或花量偏少时，宜多授几次。正常年份最好引进蜜蜂、壁蜂进行授粉。

3. 疏花疏果

（1）**疏花**。当全树花芽量超过总枝量40%，在显蕾期疏除部分花序。在盛花期无霜害条件下，给1～2朵花授粉同时，疏除其他花朵。

（2）**留果数量**。大型果4个枝留1个果，中型果3个枝留1个果；按果与果间隔20～25厘米留1个果。具体留果密度依品种和肥水条件而定。肥水条件好可多留，差则少留，总果量要高于预计产量的10%左右。

（3）**疏果技术**。落花后15天开始，5月底前结束。疏果原则：留低序位（边花）果，疏高序位果；留大果，疏小果、畸形果，疏病虫果；留下垂果，疏背上和斜生果。1个花序一般留1个果。

4. 套袋

（1）**套袋时间**。待定果后，5月下旬至6月上旬进行。

（2）套袋前，重点对果实喷一遍杀虫杀菌剂，喷后及时套袋。

（3）采用双层纸袋。套袋前先将纸袋撑开，袋口要靠近果柄基部，折叠后用封口卡子扎紧，但不要伤果柄。

（4）着色品种采前一个月摘袋，非着色品种不摘袋，待果实成熟后带袋一起采收。摘除双层袋时，为防止日灼，可先去外袋，待 3～5 个晴天后去除内层袋。

七、病虫害防治

1. 基础防治措施

（1）加强栽培管理、增施基肥、合理排灌、控制湿度、控氮增钾、合理负载、增强树势是抗病虫害的基础。建园时不用刺槐、桧柏、龙柏、杨树等作果园防护林，如已采用，在防治有关病虫害时，连同防护林一起防治。

（2）结合休眠期修剪，剪除病虫枝及干枯果台和僵果，对剪锯口涂药保护：结合复剪，剪除病虫枝、果等。集中焚烧或深埋处理；生长季节注意发现病虫枝、叶、果并及时摘除处理。

（3）清洁果园，秋末冬初清除树下枯枝、落叶、刮除树干老皮、病皮、虫皮，经过仔细检查对天敌妥善处理后，集中处理带病虫害的枝、皮、叶（焚烧或深埋）。秋末于树干和大枝上缚草，诱集越冬虫、螨，于清园时解除并做焚烧或深埋处理。

（4）果实套袋，可兼治多种食果害虫。套袋前要喷施杀虫杀菌剂。

（5）在生长季及时摘除轮纹、黑星病和食心虫为害果，烧毁或集中深埋。

(6) 梨园行间和周围种植豆科牧草（如紫花苜蓿、白三叶等），不仅可起到固氮作用，还可以招引和培养繁殖天敌，适时刈割，迫使天敌上树控制虫害。

(7) **果园铺草。**果园铺草是目前生产上推广的一项增加土壤肥力的有效土壤管理措施。一般是在雨季到来之前在树冠下的树盘内铺麦秸草或稻草等，厚度15～20厘米。通过铺草可保持土壤水分，调节土壤温度，增加土壤有机质（铺的草经过一年的风吹、日晒、雨淋，腐烂后变成肥料），利于根系对水分和养分的吸收。

(8) 于梨树发芽前喷施3～4波美度石硫合剂，压低病虫基数。

(9) 利用短波灯光、性诱剂、气味物等诱杀果园害虫，具有使用安全、对天敌影响较小、不污染环境、经济效益显著的特点，值得进行示范和推广。如佳多频振式杀虫灯，灯外配以频振式高压电网触杀，使害虫落袋，达到降低田间落卵量，压低虫口基数而起到防治害虫作用。气味物诱杀包括性诱剂诱杀和迷向、糖—酒—醋诱杀、烂果诱杀等方法。

(10) 用人工除草的方法去除杂草。

(11) **使用化学农药的安全期要求。**病虫害化学防治药剂在整个生长季节中的使用次数和最后一次使用距采收的时间（天），用圆括号注于各农药之后。如5%噻螨酮1 500～2 000倍液（1，40），表示整个生长季节中允许使用1次，最后使用期距采收的时间须在40天以上。药剂后未用圆括号标注的化学合成农药，也是在整个生长季节只能使用1次，最后使用期距采收的时间一般要在30天以上。

2. 主要虫害防治

（1）**梨木虱**。早春刮除树干上的老翘皮，进行清园，消灭越冬成虫。在5～6月份，摘除有虫新梢。

梨木虱发生严重的果园，早春喷施5%重柴油乳剂，抑制梨木虱越冬成虫产卵。注意此药要与石硫合剂相隔15天左右。在梨树发芽前（3月上旬），越冬成虫出蛰盛期和落花后1周（4月下旬第一代若虫盛发期）要注意防治；以后视其为害情况酌情处理。适用的药剂有：10%吡虫啉可湿性粉剂3 000倍液；5%氟虫脲（卡死克）乳油1 000～2 000倍液；20%除虫脲悬浮剂2 000～3 000倍液；或0.3%苦参素植物杀虫剂水剂1 500倍液等。

应注意保护的天敌有：寡节小蜂、瓢虫类、草蛉类、小花蝽等。

（2）**梨黄粉蚜**。早春刮树皮，清除树上的绑缚物，以消灭其越冬卵。果实实行套袋，在套袋前要喷一遍杀虫剂，以防将蚜虫套入袋中。若发现套袋果上有虫，须解除果袋，喷药杀虫后重新套上。

在梨树发芽前喷99.1%敌死虫机油乳剂80～100倍液，可兼治梨二叉蚜。梨树落花后黄粉蚜尚未向果实转移前为重点防治期。其后视虫情发展而定。适用的药剂有：10%吡虫啉可湿性粉剂3 000倍液；2.5%扑虱蚜可湿性粉剂2 000倍液；40%乐果乳剂1 000倍液；或灭蚜菌水剂100倍液等。

应注意保护的天敌有：中华草蛉、多异瓢虫、小花蝽、寄生菌等。

（3）**梨二叉蚜**。梨树发芽前的防治同梨木虱。梨芽萌动至发芽展叶期为关键防治期，其后防治视虫情发展而定。适用的药剂同梨黄粉蚜。在发生不太严重的情况下，可及时摘除被害枝叶，集中销毁，即可控制其蔓延为害。

应注意保护的天敌有：草蛉类、瓢虫类、食蚜蝇、蚜茧蜂等。

（4）**梨小食心虫**。新建果园要避免同桃、杏、李混栽。春、夏季要及时剪除梨树被害梢。在果实采收前，在树干上绑草绳，诱集幼虫在此越冬，冬季解下烧掉，以消灭越冬幼虫。

进行测报和诱杀成虫。糖—酒—醋诱杀：在成虫发生期，用糖—酒—醋液制成水碗诱捕器，挂在树上诱杀成虫。每667米^2 2～3个。每天或隔日清除虫尸，并加足糖—酒—醋液。糖—酒—醋液比例为：糖1份∶酒3份∶醋1份∶水80份，要将四者混匀。性诱芯诱杀：取直径15～20厘米的碗或小盆，里面盛满水，水中放少许洗衣粉。将梨小食心虫性诱芯悬挂于水面上方约1厘米处，将水盆挂于树干距地面1.5米处，每667米^{2}挂4～5个。

根据性诱或糖酒醋诱虫数据，在成虫高峰后连续释放松毛虫赤眼蜂，进行卵期防治。药剂防治在卵果率为1%时进行。适用的药剂有：每毫升100亿芽孢Bt悬浮剂400倍液；0.3%苦参素植物杀虫剂水剂1 000倍液；48%乐斯本乳油2 000倍液（1，30）；或25%除虫脲可湿性粉剂1 000～1 500倍液（1，30）。

应注意保护的天敌有：赤眼蜂类、齿腿瘦姬蜂、小茧峰、钝唇姬蜂、白僵菌等。

（5）**茶翅蝽**。利用成虫在屋内等处群集越冬的习性，在春季越冬成虫出蛰期和果实采收后成虫飞往越冬场所时，实行人工捕捉，予以消灭。

生长季防治的关键时期是幼果膨大初期和若虫孵化期。适用的药剂有：25%噻虫嗪（阿克泰）水分散粒剂 4 000～7 000 倍液；或 80%敌敌畏乳油 1 000 倍液。

（6）梨圆蚧壳虫。梨树发芽前防治同梨木虱。生长季若虫分散转移期到分泌蜡粉蚧壳之前是关键防治期。可喷药防治。适用的药剂有：0.3 波美度石硫合剂；或 48%乐斯本乳油 2 000倍液（1，30）。

应注意保护的天敌有：红点唇瓢虫、肾斑唇瓢虫、红圆蚧金黄蚜小蜂、短喙毛蚧小蜂、日本方头甲等。

3. 主要病害防治

（1）梨黑星病。冬前彻底清园。在 5 月中下旬，及时剪除病芽梢，一并带出园外烧毁。加强栽培管理，及时铲除树下杂草，排除积水，降低果园湿度。及时夏剪，以利通风透光。喷施磷酸二氢钾，可增强树势，并有杀灭病菌孢子的作用。

对病害较重及病菌在芽鳞内越冬的品种，于梨树发芽前喷布 45%代森铵水剂 400 倍液；或在芽萌动期喷布 12.5%腈菌唑乳油 2 000～2 500 倍液。

主要防治期为临近开花和落花后，以后根据降雨情况。每隔 15～20 天喷药一次。注意波尔多液（倍量式）同其他杀菌剂要交替使用。易受波尔多液药害的品种，可改用其他杀菌剂。在喷施杀菌剂时要加适量展着剂。适用的药剂有：0.5%大黄素甲醚（卫保）水剂 500～600 倍液；30%绿得保硫胶悬剂 400～500 倍液；75%百菌清可湿性粉剂 600 倍液（1，30）；70%代森锰锌可湿性粉剂 600～800 倍液；40%福星乳油 8 000 倍液；或

10％苯醚甲环唑（世高）水分散颗粒剂 3 000～5 000 倍液。

（2）**梨锈病**。清除转主寄主。彻底刨除梨园周围 5 公里以内的桧柏类树木，是防治梨锈病的基础。如不能刨除桧柏，要剪除桧柏或龙柏上的冬孢子角，或在冬孢子角变软呈水溃状时喷施 1∶2∶200 倍波尔多液；30％绿得保硫胶悬剂 300～500 倍液；0.3～0.5 波美度石硫合剂；或 50％代森铵水剂 400 倍液。

在梨发芽后至幼果期，间隔 15～20 天喷施杀菌剂共 2～3 次。适用的药剂有：15％粉锈宁可湿性粉剂 1 500～2 000 倍液（1，30）；或 80％代森锰锌可湿性粉剂 600～800 倍液。

（3）**梨炭疽病**。彻底清除树体病原。梨树发芽前喷 5％～10％重柴油乳剂。药剂防治着重幼果期。在落花后每隔半月喷一次药。适用的药剂有：50％硫悬浮剂 400 倍液；2％农抗 120 水剂 200 倍液；75％百菌清可湿性粉剂 800 倍液（1，30）；或 1∶2∶200 倍波尔多液。

贮藏期要注意控制库内温度，及时剔除病果。

（4）**梨疫腐病**。定植时不要栽植过深，嫁接口要露出地面，如已埋土过深的要及时扒土晒根，减少根颈发病。要及时排水，降低果园湿度，保持通风透光。不要在果树行间种植茄科蔬菜，以防止病菌交互传染。

此病在 7～8 月份的阴雨连绵条件下易发生。发病后在树盘覆膜或铺草，对隔绝土壤中病菌传播有较好效果。病果要立即彻底摘除，拾净树下病果、落果，在园外深埋。

药剂防治：发病前可喷施 1∶2∶240 倍波尔多液。一旦发现病果可喷施 72％克露可湿性粉剂 600～800 倍液；或 69％安克锰锌可湿性粉剂 800～1 000 倍液。

(5) 梨干腐病。在果树发芽前，细致刮除枝干粗翘皮，全树喷布3～5波美度石硫合剂。从3月份起组织专人查找病斑，10天左右复查一次，重点是3～4月和7～9月，主要采用刮治加涂抹药剂保护。刮除病斑要彻底。找出病斑边缘，并刮去部分好皮，伤口要切齐，刮好后涂药。常用消毒药有843康复剂原液；2%农抗120水剂10倍液；或5%菌毒清水剂50倍液等。当年病斑在夏、秋季再补刷2次消毒剂。对近2～3年的旧病斑也应与新病斑同时涂药，防止旧病复发。同时对较大的锯口也要涂刷消毒剂。入冬前可对治疗后的病斑及锯口涂刷复方煤焦油保护剂。

生长季可使用如下杀菌剂保护树干和果实：1∶2∶200倍波尔多液；45%晶体石硫合剂300倍液；或75%百菌清可湿性粉剂700倍液（1，30）。

八、采收与包装贮运

1. 果实质量

应符合表25的要求。

表25 鲜梨的感官指标

项目	要求
基本要求	各品种的鲜梨都必须完整良好，新鲜洁净，无不正常的外部水分，无异常气味，精心手采，发育正常，具有贮存或市场要求的成熟度
果形	果形正常，允许果形有轻微缺陷，具有本品种应有的特征，果梗完整
色泽	其有本品种成熟时应有的色泽

2. 采收

（1）采收应在果实达到适宜成熟度时进行。绿色品种以绿色渐退，呈绿白色或绿黄色，果梗易和果台脱离，种子变褐色，为适宜采收期。

（2）采时轻拿轻放，采收容器内有软衬垫，防止扎、碰、压等机械损伤。

（3）挑出病虫、伤、烂等不合规格次果，好果按绿色食品梨要求分级。

3. 包装与贮运

（1）果实包装。应符合第五章第一节的要求。

（2）贮藏运输。应符合第五章第二节的要求。

第四节 葡萄生产操作规程*

内容提要

本节规定了绿色食品葡萄的产地条件、品种选择、苗木和定植、土肥水管理、整形修剪、果穗管理、埋土防寒和出土上架、病虫害防治、采收与包装贮运等技术要求。

一、产地条件

1. 环境条件

绿色食品产地环境应符合第一章的要求。

2. 气候条件

以≥10℃的有效积温来选择不同成熟期的品种。早熟品种为2 500～2 900℃；中熟品种为2 900～3 300℃；晚熟品种为3 300～3 700℃；极晚熟品种为3 700以上。年降雨量500～800毫米。

3. 土壤条件

土层深厚、排水良好的砾质壤土或沙质壤土；pH6.0～8.0；含盐量不超过0.18%。

---

* 摘编于《绿色食品 葡萄生产操作规程（华北地区）》（LB/T 1006—2009）。

二、品种选择

选用抗病、优质丰产、抗逆性强、适应性广、商品性好、耐贮运的中晚熟品种为主。其中，鲜食品种有巨峰、玫瑰香、红提、绿宝石、红手指等；无核品种有无核白、大列核白、京早晶、爱神玫瑰等；酿酒品种有雷司令、赤霞珠、蛇龙珠、品丽珠等；制汁品种有康可、康早、黑贝蒂等。

三、苗木和定植

1. 苗木

（1）苗木应符合一年生苗木侧根 8 条以上，侧根粗度 0.40 厘米以上，侧根长度 20 厘米以上，蔓基部粗度 0.8 厘米以上，砧木高度 15～20 厘米，7～8 节芽饱满健壮的标准。

（2）尽量采用无病毒苗木。

（3）寒冷地区尽量采用抗寒砧木的嫁接苗。

（4）不从有葡萄根瘤蚜疫区调入苗木。

2. 定植

（1）定植密度。 单壁篱架 111～333 株/667 米^2（株行距 1.0～2.0 米×2.0～3.0 米）。双壁篱架 95～267 株/667 米^2（株行距 1.0～2.0 米×2.5～3.5 米）。棚篱架 83～127 株/667 米^2（株行距 1.5～2.0 米×3.5～4.0 米）。小棚架 56～167 株/667 米^2（株行距 1.0～2.0 米×4.0～6.0 米）。

（2）定植时期。 一般地区可秋季定植，冬季寒冷，冻地层深的地区以春季定植为宜。

（3）**定植技术**。定植穴宽40厘米，深50厘米；于穴中施入腐熟的有机肥20～30千克，并加少量过磷酸钙，肥料与表土混合好填入穴底，成馒头状，踩实。一般葡萄多开沟定植，沟宽、深50厘米。

定植前将苗木在水中浸1天左右，然后沾泥浆栽植。定植时将苗木的根系在坑中分布均匀，填土1/2深，将定植穴填平，踩实，立即灌水，待水渗下后，覆一层土。春季定植可覆地膜保墒。

四、土肥水管理

1. 土壤管理

（1）**深翻改土**。一般在秋季落叶前后进行深翻，并结合施入基肥。成年果园深翻50～60厘米，幼年果园30～50厘米，如春季深翻以20厘米左右为宜。篱架栽培应距植株50厘米以外处深翻，棚架应以架下土壤为主。

（2）**除草**。采用人工除草，不用化学除草，草长到一定高度时进行刈割，有利于防止绿盲蝽上树。

（3）**间作**。幼年果园可间作豆科作物。

（4）**覆盖**。早春灌水后，为防止水分蒸发，抑制杂草生长，提高地温，可覆盖稻草、麦秸、豆秸及绿肥等。

2. 施肥

（1）**施肥原则**。施肥应符合第二章第二节的要求。

（2）**基肥**。以秋施为宜。3～5年生幼树，每株施有机肥

15～20 千克，混入过磷酸钙 0.5～0.8 千克；6 年生以上大树施有机肥 30～40 千克，混入过磷酸钙 0.8～1.0 千克。结合深翻土壤施入，施肥后马上灌水。

（3）追肥。盛果期树前期以追施氮肥为主，中后期以磷钾肥为主。每株施尿素 80～150 克，磷酸二铵 80～150 克，硫酸钾 80～200 克，施肥后灌水。采前 30 天内禁止土壤追肥。

（4）根外追肥。生长季结合喷施农药进行根外追肥，可喷施 0.3%尿素，0.3%磷酸二氢钾。采前 20 天内禁止根外追肥。

（5）有条件的产区，应根据土壤和叶片分析结果进行营养诊断施肥。

3. 灌水与排水

（1）在葡萄早春出土后萌芽前灌水一次；开花前灌水一次，花期禁止灌水；浆果生长期灌一次水，浆果采收前 20～25 天停止灌水。秋季结合施基肥再灌一次水。埋土前灌一次封冻水。

不同地区可根据持水量确定灌水时期。一般在生长前期田间持水量应不低于 60%，后期在 50%左右。

（2）雨季前疏通排水系统。北方地区雨季正是浆果成熟时期，必须注意及时排水。

五、整形修剪

1. 架式

（1）篱架。单壁篱架高 1.5～2.0 米，按行每隔 6～8 米立一柱，其上牵引 4 道铁丝，第一道铁丝离地面 50 厘米左右，以上每道铁丝间隔 40～50 厘米。其上均匀分布枝蔓。篱架还可分双篱架（或双壁篱架）及宽顶篱架（T 形架）。

（2）**棚架**。小棚架后部高 1.0～1.5 米，架梢高 2.0～2.2 米，架面呈倾斜状；架长 5～6 米，棚面上引数道铁丝；大棚架可以是倾斜式或水平式（架高 2.0 米）。

（3）**棚篱架**。棚后部（篱面部）高 1.5～1.6 米，棚架口（棚面顶部）高 2.0～2.2 米，具有篱面和棚面。篱面部分引 2～3 道铁丝，棚面部分引 3～4 道铁丝。

2. 整形

（1）**规则扇形**。植株具有多个主蔓，一般为 3～4 个，每个主蔓上培养 1～2 个结果枝组。该树形适于篱架。

（2）**龙干形**。由地面倾斜生长出向上达于棚架的一条或二条龙干，通常长约 5～6 米。在龙干的背上或两侧每隔 20～30 厘米培养 1 个枝组（称龙爪），每个枝组上着生 1～2 个结果母枝。该树形适于棚架。

3. 休眠期修剪

（1）**埋土前修剪**。修剪内容主要是保持树形规范，为翌年生长结果选留必要数量的结果母枝。按结果母枝的剪留长度区分：1～4 芽为短梢修剪，5～7 个芽为中梢修剪，8 芽以上为长梢修剪。留枝或芽眼按产量（每 667 米^{2}1 000～1 500 千克）计算后，多留 10%左右。

（2）规则扇形每主蔓留 1～2 个结果枝组，每个枝组由 1 个中、长梢结果母枝和 1 个短梢替换枝组成，替换枝必须是壮枝，细、弱枝一般疏除。

(3) **龙干形的修剪要点**。第一年定植后，对长出的新梢截顶，冬剪时选留1～2健壮的新梢（粗度1.5厘米）留作未来龙干。第二年每个主梢相距60～70厘米，冬剪时主梢（龙干）继续长留，先端粗度保持1厘米左右。主蔓（龙干）上的侧生枝留1～2芽短截。第三年继续按上述方法修剪。除了先端的一年生枝剪留较长外，所有侧生的成熟一年生枝，均留1～2芽短剪。如肥水条件较好，间距较大时，少部分新梢可进行中梢修剪，结果后疏除。

4. 生长季修剪

(1) **抹芽**。萌芽以后开始。抹去双芽、弱梢、基部萌芽、徒长梢和过密梢。15～20厘米定枝，去除其他芽。

(2) **绑梢和去卷须**。当新梢长至30～40厘米时，开始将新梢绑到架面铁丝上。随新梢不断伸长，不断绑缚。一般要绑3～4次。绑梢时要将新梢均匀分布，间距一般为10厘米，并要随手摘去已发生的卷须。

(3) **新梢摘心**。在开花前4～5天对果枝进行摘心。摘心程度为果穗以上留6～8片叶；对果穗一下副梢从基部去掉，除果枝顶部摘心处下的2个副梢留3～4片叶反复摘心外，其余副梢均留1片叶摘心或从基部抹除。

六、果穗管理

1. 疏花序

植株负载量过大时可疏去过密、过多及细弱果枝上的花序；强壮果枝留 2 穗，中庸果枝留 1 穗，细弱果枝尽量不留。

2. 掐穗尖和果穗整形

在开花前一周内进行。对果穗较疏松的品种，如玫瑰香、巨峰系等品种，一般掐去花序长度的 1/4～1/5；对有副穗的品种应去掉副穗。

3. 疏果

在花后 15～20 天进行。主要对果穗中的小粒果及过密的果进行疏除，大果粒巨峰保留 30～35 粒（穗重 350～500 克），红地球保留 60～100 粒（穗重 500～750 克）。

4. 果实套袋

巨峰葡萄 6 月 10 日开始套袋，夏至前套完。玫瑰香、红提、红宝石等品种夏至开始套袋，6 月底前套完。套袋前喷一次杀虫杀菌剂。采用葡萄专用纯白色纸袋，大果穗葡萄品种用 25 厘米×35 厘米，小果穗品种用 20 厘米×30 厘米。

5. 果实摘袋

去袋一般在果实成熟前一周进行。成熟期雨水多的地区，可适当早去袋，以保证果实的色泽。目前，生产上也有果农为了防鸟、防虫或避免损害果面，采用不去袋操作，直到采收以后才去袋。

七、埋土防寒和出土上架

1. 埋土防寒

一般在土壤封冻前埋土。冬剪后将葡萄枝蔓理顺，用绳捆扎，在行内将枝蔓按一个方向码放。特别是多年生葡萄，为防止将枝蔓基部压伤，可先在基部垫土。埋土忌过干或过湿，埋土要拍实，厚度距枝蔓要20厘米以上。

2. 出土

出土时间一般在清明前后，各地有所区别。顺着枝蔓放方向撤土，切忌伤着枝蔓出现伤流。

3. 上架

一般在芽萌动前后为宜，将主蔓均匀绑缚于架面或棚面上。为促进枝蔓下部芽能较好萌芽，往往在芽萌发后上架，此时上架尽量避免伤及萌芽。

八、病虫害防治

1. 基础防治措施

(1) 加强栽培管理、增施基肥、合理排灌、控制湿度、控氮增钾、合理负载、增强树势是抗病虫害的基础。葡萄园附近不种杨柳树，减轻叶甲等危害。加强苗木检疫，采用不带病虫的砧穗和苗木。建立无病毒母本园，繁殖无病毒母本树，培育无病毒及无病虫的无性繁殖材料。

（2）萌芽前或芽膨大期喷施3～5波美度石硫合剂（要在葡萄植株、架桩、地面都喷到）。

（3）行间种植豆科紫花苜蓿或白三叶，可以固氮增加土壤肥力，改善果园小气候和抑制杂草生长，还有利于叶螨、蚜虫、食心虫等的天敌繁殖，在天敌达到一定数量时，适时刈割，迫使天敌上树控制虫害。

（4）搞好果园清园工作，及时剪除病虫枝、叶、果，并清除出园，集中焚烧或挖坑深埋。早期架下喷石灰杀死病残体中的病原物。秋季结合施肥深翻树盘，以消灭越冬虫体。

（5）果实套袋，可兼治多种食果害虫。套袋前要喷施杀虫杀菌剂。

（6）利用短波灯光、性诱剂、气味物等诱杀果园害虫，具有使用安全、对天敌影响较小、不污染环境、经济效益显著的特点，值得进行示范和推广。如佳多频振式杀虫灯，灯外配以频振式高压电网触杀，使害虫落袋，达到降低田间落卵量，压低虫口基数而起到防治害虫作用。气味物诱杀包括性诱剂诱杀和迷向、糖—酒—醋诱杀、烂果诱杀等方法。

（7）用人工除草的方法去除杂草。

（8）使用化学农药的安全期要求。病虫害化学防治药剂在整个生长季节中的使用次数和最后一次使用距采收的时间（天），用圆括号注于各农药之后，如5%噻螨酮1 500～2 000倍液（1，40），表示整个生长季节中允许使用1次，最后使用期距采收的时间必须在40天以上。药剂后未用圆括号标注的化学合成农药，也是整个生长季节只能使用一次，最后使用期距采收的时间一般要在30天以上。

2. 主要虫害防治

（1）**葡萄根瘤蚜。**葡萄新区要严格实行检疫，不从疫区调入苗木和插条。对苗木和插条进行热水处理（54℃处理5分钟或50℃处理30分钟）可有效防止根瘤蚜侵入。最好选用沙土地栽植葡萄。要选择抗性砧木育苗。

在葡萄根瘤蚜发生为害的葡萄园，可进行土壤处理，杀死蚜虫。方法是用50%辛硫磷乳油0.5千克拌入50千克细土，每667米^{2}用药土25千克，撒施于树干周围，翻入土内做土壤处理。

对于叶瘿型根瘤蚜，可选择20%吡虫啉乳油3 000倍液；或25%噻虫嗪（阿克泰）水分散粒剂5 000倍液喷雾。

（2）**葡萄绿盲蝽。**葡萄园要尽量远离棉花和其他果树，以减少越冬成虫的侵入。及时清除杂草，并消灭杂草上的虫源。在生长季节要及时喷药防治，适用的药剂有：1.5%天然除虫菊素水乳剂1 000～1 500倍液或0.3%苦参素植物杀虫剂水剂1 000倍液。

（3）**葡萄叶蝉。**秋后要及时清除园内杂草及枯枝落叶以减少虫源，生长期要及时摘心、整枝，增加葡萄的通风透光性，并及时清除园内外杂草。春季第一代若虫发生期是全年喷药防治的关键时期，适用的药剂有：25%噻虫嗪（阿克泰）水分散粒剂6 000～8 000倍液；20%吡虫啉乳油2 000～3 000倍液；或1.5%天然除虫菊素水乳剂1 000～1 500倍液。

（4）**葡萄透翅蛾。**在新葡萄种植区，检查种苗、接穗等繁殖材料，查到有幼虫的要集中烧毁。冬前修剪或春季修剪时要注意把被害有膨大特征的枝条彻底剪除，并集中烧毁，消灭越冬幼虫。

对于不易修剪的粗枝条，可用铁丝从被害孔口处插入杀死里面的幼虫，也可在孔口中直接注入50%敌敌畏乳油500倍液（1，10）后封泥；新梢受害，可用刀插入枝蔓纵割被害部将虫杀死。在成虫羽化期要进行重点防治（5～6月份），适用的药剂有：50%杀螟松乳油1 000～1 500倍液（1，30）；50%敌敌畏乳油1 000倍液（1，20）。

（5）**葡萄十星叶甲**。结合冬季清园，清除枯枝落叶及根际附近的杂草，集中烧毁，消灭越冬卵。在化蛹期及时进行中耕，可消灭蛹。初孵化幼虫集中在下部叶片上为害时，可摘除有虫叶片，集中处理。利用成虫和幼虫的假死性，以容器盛草木灰或石灰接在植株下方，震动茎叶，使成虫落入容器中，集中处理。在成虫和幼虫发生期，药剂防治可选用：14%福奇微囊悬浮—悬浮剂4 000～5 000倍液（1，30）；2.5%劲彪乳油（高效氯氰菊酯）2 000倍液（1，40）；1.5%天然除虫菊素水乳剂1 000～1 500倍液或50%敌敌畏乳剂1 000倍液（1，20）等。

（6）**葡萄粉虱**。冬季修剪后，彻底清除田间落叶，并集中烧毁，以消灭越冬虫源。生长季保持葡萄园内通风透光，是抑制该虫发生的基础。

幼虫发生期采用药剂防治，适用的药剂有：10%吡虫啉可湿性粉剂3 000倍液或80%敌敌畏乳油1 000倍液（1，20）等。

（7）**葡萄缺节瘿螨（葡萄毛毡病）**。新建园选用无病害苗木，不要从病区引进苗木。若从病区引进了苗木，定植前必须先进行消毒处理，方法是把苗木或插条先放入30～40℃温水中浸 3～5 分钟，然后移入 50℃温水中浸 5～7 分钟，可杀死潜伏在芽内越冬的葡萄缺节瘿螨。秋天葡萄落叶后彻底清扫田园，将病叶及其病残物集中烧毁或深埋，以消灭越冬虫源。

早春葡萄萌芽后展叶前喷 3～5 波美度石硫合剂。葡萄展叶后，若发现有被害叶，应立即摘除，并喷药防治。适用的药剂有：0.2～0.3 波美度石硫合剂；10％浏阳霉素乳油 1 000～2 000 倍液，或 5％霸螨灵悬浮剂 1 000～2 000 倍液。

3. 主要病害的防治

(1) **葡萄霜霉病**。秋季葡萄落叶后要及时清除园内的病叶、病果。入冬前结合修剪剪除病枝蔓。早春萌芽前结合防治其他病害喷施 3～5 波美度石硫合剂进行防治。葡萄生长中要注意及时摘心、绑蔓和中耕除草，提高结果部位，及时剪除下部叶片和新梢。潮湿的气候条件易发病。应根据测报及时喷药保护和治疗，尤其要注意雨后及时喷药。喷药可间隔 10～15 天进行一次。连续喷施 2～3 次。适用的杀菌剂有：1∶1∶200 倍液波尔多液；30％绿得保硫胶悬剂 400～500 倍液；75％达科宁（百菌清）可湿性粉剂 600 倍液；或 25％阿米西达（嘧菌酯）水乳剂 2 000 倍液。

(2) **葡萄黑痘病**。秋季葡萄落叶后要及时清除园内的病叶、病果。入冬前结合修剪剪除病枝蔓。早春萌芽前结合防治其他病害喷施 3～5 波美度石硫合剂进行防治。在葡萄开花前和果实至黄豆粒大小时要及时喷杀菌剂防治。以后的防治要视降雨和病害发展而定。适用的药剂有：1∶0.7∶200 倍液波尔多液；30％绿得保硫胶悬剂 400～500 倍液；75％百菌清可湿性粉剂 600～800 倍液（1，30）；或 25％阿米西达（嘧菌酯）

水乳剂 2 000 倍液。

(3) **葡萄炭疽病**。清洁田园和休眠期防治同葡萄霜霉病。生长季节防治：葡萄炭疽病有明显的潜伏侵染现象，应提早喷药保护，一般在初花期开始喷药，隔半月左右喷一次，连续喷 3～4 次。在果实生长期每次降雨后，特别是果实近成熟期遇到降雨要及时喷药防治。适用的药剂有：10%苯醚甲环唑（世高）水分散颗粒剂 1 500～3 000 倍液；0.5%卫保水剂 500～600 倍液；75%达科宁（百菌清）可湿性粉剂 600 倍液（1，30）；或 1∶1∶200 倍液波尔多液。

(4) **葡萄白腐病**。要加强栽培管理，及时清除病枝、病果减少病菌基数：提高结果部位，尽量使果穗位置在 50 厘米以上，减少土壤中病菌侵染机会；要及时摘心、绑蔓、中耕除草，雨后及时排水，降低田间湿度；落花后及时套袋，减少病菌侵染机会。有条件的地方可在落花后在葡萄架下盖地膜，防止土壤里的病菌传播到近地面的果穗和枝叶上。发病初期开始喷杀菌剂。适用的药剂有：32.5%阿米妙收（醚菊酯+苯醚甲环唑）悬浮剂 2 000 倍液（1，30）；50%硫悬浮剂 500 倍液；1∶1∶200 倍液波尔多液；75%达科宁（百菌清）可湿性粉剂 600～800 倍液（1，30）；或 50%多菌灵可湿性粉剂 1 000 倍液。一般隔 10～15 天喷一次，连续防治 3～4 次。

雨季要注意加展着剂或 0.05%皮胶等，可增加药效。重病园要在发病前用 50%福美双粉剂 1 份、硫黄粉 1 份、碳酸钙 1 份，三种药剂混匀后撒在葡萄园地面上，每 667 米^2 撒 1～2 千克，可减轻发病。

(5) **葡萄白粉病**。清洁田园、休眠期防治等同葡萄霜霉病。发病初期喷布 1∶1∶200 倍液波尔多液。葡萄开花至幼果期继续喷施杀菌剂。适用的药剂有 10%苯醚甲环唑（世高）水分散颗粒剂 2 000 倍液（1，30）；0.05%卫保水剂 500～600 倍液；20%粉锈宁可湿性粉剂 1 000～1 500 倍液（1，30）。

（6）**葡萄灰霉病**。葡萄园内注意合理间作，不与月季、玫瑰等间作或相邻栽培。清洁田园、休眠期防治见葡萄霜霉病。发病初期，及时剪除发病花穗，防止扩散蔓延。

开花前及初花期喷洒 1∶1∶200 倍波尔多液；50%多菌灵可湿性粉剂 800～1 000倍液；或 70%甲基托布津可湿性粉剂 1 000倍液。果实着色前可喷洒 50%多菌灵可湿性粉剂 800～1 000倍液，以预防或减轻花、果的发病。也可用 50%扑海因可湿性粉剂 800～1 000 倍液；或 50%速克灵可湿性粉剂 1 000 倍液进行防治。

（7）**葡萄蔓枯病和枝枯病**。在发芽前喷施 5 波美度石硫合剂，5～6 月份及时喷药，可选用 1∶1∶200 倍液波尔多液；或 50%琥胶肥酸铜（DT 杀菌剂）可湿粉剂 500 倍液。

（8）**葡萄酸腐病**。加强花穗修剪，及时疏果使果穗松散和剪除新梢，避免挤压裂果，摘除下部老叶片，增加果园通透性；成熟期避免灌溉，防止裂果。防治果蝇可选择 2.5%功夫乳油 2 000～3 000 倍液；10%高氯氰菊酯乳油 1 500～2 000 倍液；75%灭蝇胺可湿性湿剂 4 000～6 000 倍液。防治病原微生物可选择 80%必备 400 倍液。

九、采收与包装贮运

1. 果实质量

应符合表 26 的要求。

表 26 葡萄的感官指标

项　　目	要　　求
果穗基本要求	果穗完整、洁净、无异常气味，不落粒，无水罐，无干缩果，无腐烂，无小青粒，无非正常的外来水分，果梗、果蒂发育良好并健壮、新鲜、无伤害
果粒基本要求	充分发育，充分成熟，果形端正，具有本品种固有特征
色泽	具有本品种果实成熟时特有的颜色

2. 采收

（1）采收应在达到果实质量标准时进行。

（2）采收时用左手拇指掐住穗梗，右手握剪，在穗梗基部靠近新梢处剪下，轻轻放入果篮中。穗梗短的品种，可用左手托住果穗，然后剪下。

3. 包装和贮运

（1）果实包装。应符合第五章第一节的要求。

（2）贮藏运输。应符合第五章第二节的要求。

第五节　草莓生产操作规程*

内容提要

本节规定了绿色食品草莓的产地条件、品种选择、苗木繁育、生产园定植、栽培方式及管理特点、土肥水管理、花果管理、病虫害防治、采收与包装贮运等技术要求。

一、产地条件

1. 环境条件

绿色食品产地环境应符合第一章的规定。生产基地应选择在无污染和生态条件良好的地区。基地选点应远离工矿区和公路铁路干线，避开工业和城市污染源的影响。

2. 气候条件

草莓最适生长温度20～26℃，休眠期温度在－10℃以下的寒冷地区应覆草防寒。夏季温度在35℃以上时，生长受到严重抑制。

---

* 摘编于《绿色食品　草莓生产操作规程（华北地区）》（LB/T 1007—2009）。

3. 土壤条件

有机质丰富、保水能力强、通气性良好的轻壤土和沙壤土，pH6.0～7.5。

二、品种选择

根据栽培方式选择品种，促成栽培选择休眠浅或较浅的品种；半促成栽培选择休眠中等品种；露地栽培一般选择休眠深或较深的品种。

三、苗木繁育

1. 采用无病毒母株繁殖育苗或采用组培苗，不用结果后母株繁殖育苗。

2. 园地选择与整地做畦

（1）选择地面平坦，土壤疏松，排灌水方便，光照良好，未种过草莓、番茄、马铃薯，烟草的地块。

（2）整地前每667米^{2}施腐熟有机肥5 000千克，磷酸二铵25千克，施入后深翻土壤。肥料的选择和使用应符合第二章第二节的要求。

（3）做畦。畦宽1.5～2.0米，畦埂直，畦面平，定植前灌水沉实。

3. 栽植时期

秋栽或春栽。秋栽在9月下旬至10月上旬，春栽在4月上旬至5月上旬土壤解冻以后进行。秋栽灌冻水后，苗木覆盖越冬，春季发芽前去除覆盖物。

4. 栽植密度

一般每667米^{2}栽植800～1 200株。1米宽的畦中间栽一行，株距30～40厘米；1.5米宽的畦，栽两行，行距70厘米，株距40～50厘米。

5. 栽植要求

选择生长健壮，无病虫害，发育正常，根系良好的匍匐茎苗为母株。定植时不宜过深或过浅，掌握深不埋心、浅不露根，苗心与地面平齐为宜，根系在土壤中要舒展开，栽后将苗周围的土压实，并及时浇水。

6. 育苗期管理

（1）**土肥水管理。**栽后一到二周内要保持不干地皮，以利幼苗成活。幼苗成活后适当蹲苗，而后注意灌水；雨量过大时及时排水。当植株开始旺盛生长和抽生匍匐茎时各施一次复合肥，每667米^{2}施肥20～30千克，在植株两侧开浅沟施入；6～7月大量匍匐茎苗定根后，撒施一次尿素，每667米^{2}施5～10千克，7月下旬以后控制氮肥。每次施肥后灌水。

（2）**去老叶和花蕾。**草莓长出新叶后要及时去掉干枯老叶，以后随老叶产生不断去掉。当春季花序出现时要及时摘除全部花序，随出随摘。

（3）**人工引茎。**匍匐茎伸出后要向畦面均匀顺开，不使其交叉、重叠，并在匍匐茎产生小苗的节位挖一小坑，用土压在小苗基部，促使其生根，随出随压。

（4）在植株生长旺盛及匍匐茎大量发生时期，可喷1～2次50～100毫克/升的赤霉素，以促使发生匍匐茎苗。

7. 秧苗出圃

（1）**出圃时期。**当8～10月上旬秧苗长至4～6片复叶时即可出圃定植于生产园。晚定植的于8月中旬进行断根处理。

（2）**起苗技术。**起苗前2～3天灌一次小水；起苗深度15～20厘米。

（3）**种植苗选择。**选用4～6片复叶，根茎粗1厘米以上，有6～8条以上健壮根系，苗重20克以上的为定植用苗。

四、生产园定植

1. 整地

选用土壤肥沃，土地平整，前茬未种过草莓、番茄、烟草的地块作草莓生产园。每667米^{2}施腐熟有机肥4 000～5 000千克，磷酸二铵20～25千克，结合翻地施入。

2. 做垄或做平畦

垄与垄中心间距80厘米，垄底宽60厘米，垄顶面宽40厘米，沟底宽20厘米，垄高30厘米。平畦宽1米，畦要平

整。一般宜垄栽，苗木弓背向外。

3. 定植

（1）**定植时期**。8 月上旬至 10 月上旬。

（2）**栽植密度**。每 667 米^2 定植 8 000～10 000 株。每垄两行，行距 20 厘米，株距 15～20 厘米。平畦与垄栽株行距相同。

（3）**定植方法**。与育苗时定植方法相同。

五、栽培方式及管理特点

1. 露地栽培

（1）**栽后管理**。秋栽时栽后应保持土壤湿润，适当灌水，温度过高时注意遮阴，保证成活。成活后如缺苗时及时补苗。9 月中下旬，每 667 米^2 施磷酸二铵 10～15 千克，施肥后灌水。

（2）**越冬管理**。华北地区冬季要覆盖。覆盖前灌一次冻水。在草莓上覆盖地膜后再覆盖 10～15 厘米厚的秸秆。

（3）**春季管理**。当草莓开始发芽时，撤去上面的覆盖物，每 667 米^2 施入尿素 10 千克，并灌水。4 月上旬前后，当草莓进入盛花期时，每 667 米^2 施磷酸二铵 15 千克，并灌水。及时覆盖地膜。

2. 半促成栽培

（1）**定植后管理**。越冬前灌一次水，并结合施入氮、磷、钾复合肥 15～20 千克。11 月下旬覆盖地膜。

（2）**扣棚保温时期**。扣棚时期因设施类型和草莓品种休眠期深浅而异。日光温室和休眠浅的早熟品种于 12 月中旬扣棚保温；大棚及休眠较深的品种一般于12月下旬至1月中旬扣棚。

（3）**扣棚后的管理**。日光温室12月中旬扣棚后要尽快破地膜提苗，剪去下部老叶，并在保温开始后2周内喷1次5～10毫克/升的赤霉素。大棚于2月中下旬进入萌芽期时破膜提苗，剪去老叶、枯叶。

（4）**温度与湿度管理**。日光温室扣膜后立即覆盖草苫保温。显蕾期前白天保持在24～30℃，夜间保持在12～18℃；显蕾期白天保持25～28℃，夜间8～12℃；开花期白天保持在22～25℃，夜间8～10℃；果实膨大期和成熟期白天保持20～25℃，夜间5～10℃。通过覆地膜与膜下灌溉降低温室内湿度，同时要注意换气，白天相对湿度保持在60%左右。

3. 促成栽培

（1）**扣棚保温时期**。促成栽培采用保温性能好的日光温室，采用休眠浅的早熟品种。扣棚保温时期于10月中旬进行。

（2）**保温后的管理**。保温后立即覆地膜并破膜提苗，去除老叶。在开始保温一周内喷1次5毫克/升赤霉素，控制其休眠。

（3）**温度和湿度管理**。与半促成栽培相同。

4. 植株管理

经常注意摘除老叶、病叶和所有的匍匐茎，每株只留3～4个侧芽，其余要及时摘除。

5. 土肥水管理

（1）追肥。初花期每667米^{2}追施复合肥10～15千克，花期喷0.3%硼砂。果实采收期间追施复合肥3～4次。

（2）**灌水和排水**。露地栽培干旱灌水，雨季排水。促成栽培，地膜覆盖前充分灌足水，在生长和结果前期一般很少灌水，生长后期的3～4月份应注意灌水。

6. 花果管理

（1）**疏花疏果**。盛花期及时疏去过多的花蕾，方法是摘去4级花序的花蕾，如花序过多时，摘除3级花序上的花蕾；幼果时要去掉畸形果、病虫果以及小白果。如留果量过多时可再疏去部分幼果。

（2）**授粉**。花期引进蜜蜂和壁蜂进行授粉。

（3）**垫果**。露地和设施均采用地膜垫果。

六、病虫害防治

1. 基础防治措施

（1）从外地调入种苗，要执行植物检疫制度，防止检疫性病虫害的传播。选用抗病虫品种，培育壮苗。严格选择繁苗用地，统一繁苗技术和种苗质量要求。

（2）认真选择生产地块，最好避开病虫害严重的地段、与草莓病虫害有共生寄主的作物地段等。如不与黄瓜、辣椒相邻，以避免灰霉病相互侵染；不与茄科蔬菜相邻以避免青枯病相互侵染。

（3）增施有机肥和钾、钙、镁肥，控制氮肥用量，注意补充硼、锌等微量肥。

（4）**轮作**。种植园间、套、轮作选择水稻、玉米、豆类较好。

（5）合理密植可改善通风和光照条件，合理排灌能避免过多灌水，进行地膜覆盖，保持覆膜不积水。及时摘除基部老叶、病虫害叶和果。

（6）**尽可能采用物理与生物防治方法防治病虫害。**如用热水处理种苗防治线虫病；日晒高温处理土壤；色板诱杀白粉虱和蚜虫；阻隔法防鼠、鸟害；畦面覆盖反光地膜驱避蚜虫等。利用草蛉、捕食螨等天敌，推广使用生物农药，选择使用低毒高效农药。

（7）提倡一个地区范围内的联合防治，并要注意治早、治小。

（8）**使用化学农药的安全期要求。**病虫害化学防治药剂在整个生长季节中的使用次数和最后一次使用距采收的时间（天），用圆括号注于各农药之后。如5％噻螨酮1 500～2 000倍液（1，40），表示整个生长季节中允许使用1次，最后使用期距采收的时间须在40天以上。药剂后未用圆括号标注的化学合成农药，也是在整个生长季节只能使用1次，最后使用期距采收的时间一般要在30天以上。

2. 主要虫害防治

（1）**斜纹夜蛾。**注意清除田间杂草。全面覆盖大棚或大棚顶部覆盖防雨薄膜，大棚四周覆盖防虫网，使害虫无法进入大棚。及时摘除卵块和幼虫群集叶，降低虫口密度。采用黑光灯或糖—醋—液等诱杀成虫。在卵高峰和幼虫3龄前的点片发生阶段进行挑治；幼虫4龄后夜出活动，可在傍晚施药防治。适用的药剂有：每毫升100亿芽孢Bt悬浮液400倍液；奥绿1号（苜蓿夜蛾核多角体病毒杀虫剂）600～800倍液；5％氟虫脲（卡死克）乳油 1 500～2 000 倍液；或 40%乐斯本乳油 1 000倍液。

应注意保护的天敌有：瓢虫、茧蜂、广大腿小蜂、寄生蝇、步甲等。

（2）**朱砂叶螨**。要及时清除田园及地边杂草，减少越冬虫源。夏秋干旱季节，要适时灌水，增加田间湿度，促进作物生长，对叶螨有一定控制作用。前茬收获后要及时清除田间枯枝落叶并集中烧毁。在叶螨发生期采用药剂防治。适用的药剂有：0.3 波美度石硫合剂；10%浏阳霉素 1 000～1 500 倍液；或 5%尼索朗乳油 2 000 倍液（1，30）。

应注意保护的天敌有：拟长毛钝绥螨、小花蝽、瓢虫、草蛉、蜘蛛、塔六点蓟马等。

（3）**粉虱（温室白粉虱、烟粉虱）**。培育“无虫苗”。保护地秋冬第一茬扩大种植不适宜粉虱为害且耐低温的芹菜、蒜黄、油菜等面积；减少黄瓜、番茄的种植面积；在粉虱常发地避免黄瓜、番茄、菜豆等混栽。在温室、大棚门窗或通风口，悬挂白色或银灰色塑料薄膜条，驱避成虫进入室内。黄板诱杀成虫，硬板或用塑料片或塑料薄膜裁成 1 米×0.2 米长条，用油漆涂成橙黄色，涂黏油（10 号机油加少许黄油）。每 667 米^2 设 40～50 块，置于行间与植物高度相同。当白粉虱粘满板面时，要及时重新涂油。在温室休闲的夏季密闭通风口，持续 2 周左右，利用棚内 50℃高温杀死虫卵。冬季换茬时裸露 1～2 周，利用外界的低温杀死各虫态的白粉虱。当茬蔬菜收获后，立即清除温室内若虫的残留枝叶，集中烧毁或深埋，并清除田间及温室四周杂草。人工繁殖释放丽蚜小蜂。药剂防治可选用：0.3%苦参素植物杀虫剂水剂 800～1 000 倍液；

1.5%天然除虫菊素水乳剂1 000～1 500倍液；或25%噻嗪酮（扑虱灵）可湿性粉剂每667米^{2}25～35克。在密闭条件下用敌敌畏乳油加硫黄粉熏杀成虫。

应注意保护的天敌有：丽蚜小蜂、桨角蚜小蜂、粉虱榛黄蚜小蜂、石蟹蚜小蜂、粉虱蚜小蜂、橘扑虱蚜小蜂、横条扑虱蚜小蜂、扑虱蚜小蜂、蚜虫跳小蜂等。

（4）地下害虫（蛴螬、蝼蛄、地老虎、地蛆等）。清除园地周围的杂草。及时深耕翻地，破坏地下害虫的生活场所，及时杀死冬季越冬虫体。实行轮作，尤其是水旱轮作，压低虫源。避免使用未腐熟的厩肥，减少虫卵。利用黑光灯、糖—酒—醋液（糖、酒、醋各1份，加水100份，并加少量敌百虫）或性诱剂诱杀成虫。早春地下害虫发生较严重时，用0.3%苦参素植物杀虫剂水剂拌种（药剂、水、种子为1∶30∶200倍）或灌根（200倍）；用50%辛硫磷乳油拌种（药剂、水、种子为1∶30∶500倍）。

应注意保护的天敌有：大斑土蜂、臀钩土蜂、白僵菌、芽孢杆菌、病原线虫、病毒等；中华广肩步行虫、甘蓝夜蛾拟瘦姬蜂、夜蛾瘦姬蜂、螟蛉绒茧蜂、夜蛾土茧寄生蜂、伞裙追寄生蝇、黏虫侧须寄生蝇、饰额短须寄生蝇等。

3. 主要病害防治

（1）草莓褐斑病。栽植前用70%甲基托布津可湿性粉剂500倍液浸苗15～20分钟，待药液晾干后栽植。田间自发病初期开始喷杀菌剂，隔10天左右进行1次，连续防治2～3次。适用的杀菌剂有：0.5%大黄素甲醚（卫保）水剂500～600倍液；27%高脂膜乳剂200倍液＋75%百菌清可湿性粉剂

600 倍液（1，30）；或 50%硫悬浮剂 500 倍液。

（2）**草莓灰霉病**。棚室草莓发病初期采用烟雾法或粉尘法。45%百菌清粉尘剂（1，30），每 667 米^2 每次 1 千克，9～11 天 1 次，与其他防治方法交替使用 2～3 次。露地草莓发病初期喷洒 2%农抗 120 水剂 200 倍液；0.5%大黄素甲醚（卫保）水剂 500～600 倍液；或 50%扑海因可湿性粉剂 1 000～1 500 倍液（1，30），隔 10～15 天与其他药剂交替防治。防治 2～3 次。

（3）**草莓白粉病**。棚室草莓可采用烟雾法。即定植前几天将草莓棚密闭，每 100 米^2 用硫黄粉 250 克、锯末 500 克掺匀后，分别装入小塑料袋放在室内，于晚上点燃熏一夜。也可用 45%百菌清烟剂每 667 米^2 每次用 200～250 克熏蒸消毒。露地草莓于发病前或初期喷洒 27%高脂膜乳剂 80～100 倍。生长季可选用如下药剂：0.5%大黄素甲醚（卫保）水剂 500～600 倍液；77%可杀得可湿性粉剂 500 倍液；2%武夷霉素 200 倍液；40%硫悬浮剂 500 倍液；1.5%粉锈宁可湿性粉剂1 500 倍液（1，30）；或 2%农抗 120 水剂 200 倍液。

（4）**草莓疫霉果腐病**。加强栽培管理：低洼积水地块注意排水，合理施肥，不偏施氮肥。高垄栽培：地膜覆盖，避免果实和土壤接触，浇水时避免浸没植株。还可用谷壳铺设于畦沟内，下雨时雨滴不会直接落到土壤上，反弹回来的水珠就不会带有病原菌，可减少发生果腐病。药剂防治：从花期开始喷施 0.5%大黄素甲醚（卫保）水剂 500～600 倍液；77%可杀得可湿性粉剂 500 倍液；2%武夷霉素 200 倍液；50%甲霜铜可湿性粉剂 600 倍液；或 72%霜脲锰锌（克抗灵）可湿性粉剂 800 倍液等。隔 10 天左右喷 1 次，连续防治 3～4 次，注意交替用药。

七、采收与包装贮运

1. 采收

（1）果实质量。应符合表 27 的要求。

表 27　草莓的感官指标

项　目	要　求
基本要求	果实新鲜洁净，无异味；有本品种特有的香气，无不正常外来水分，带新鲜萼片，具有适于市场或贮藏要求的成熟度
果形及色泽	果实应具有本品种特有的形态特征、颜色特征及光泽，且同一品种不同果实之间形状、色泽均匀一致
单果重	大果型品种大于或等于 25 克，中小果型品种大于或等于 15 克
色度	果实着色度要大于或等于 70%

（2）采收时期。应在达到果实质量标准时进行。草莓果实不是同时成熟，要随熟随采。露地栽培一般于 5 月中、下旬开始采收；半促成栽培 3 月上旬左右开始采收；促成栽培于 12 月中下旬开始采收。

（3）采收方法。采收最好在上午 8 点以前、下午 3 点以后进行。采收时拇指与食指从果柄与萼片接合部掐断，不带果柄。采收后轻放于果盘内，供集中包装。

2. 包装贮运

（1）果实包装。应符合第五章第一节的要求。

（2）贮藏运输。应符合第五章第二节的要求。

第五章
包 装 与 贮 运

第一节　包装通用准则*

内容提要

本节规定了绿色食品的包装必须遵循的原则，包括绿色食品包装的要求、包装材料的选择、包装尺寸、包装检验、抽样、标志与标签、贮存与运输等内容。

一、术语和定义

（一）减量化

在保证盛装保护运输贮藏和销售功能的前提下，包装首先考虑的因素是尽量减少材料使用的总量。

---

* 摘编于《绿色食品　包装通用准则》（NY/T 658—2002）。

（二）重复使用

将使用过的包装材料经过一定处理后重新利用。

（三）回收利用

把废弃的包装制品进行回收，经过一定方式的处理，使废弃物转化为新的物质或能源。

（四）可降解

废弃的包装材料在特定的条件下，化学结构和物理机械性能可发生明显变化，出现分子量降低，物理机械性能下降或分解成二氧化碳和水。

二、要求

1. 根据不同的绿色食品选择适当的包装材料（表 28）、容器、形式和方法，以满足食品包装的基本要求。

表 28　常用包装材料卫生标准

包装材料名称	标准编号	卫生指标
食品包装用聚氯乙烯成型品	GB 9681—1988	氯乙烯单体，≤1 毫克/千克 高锰酸钾 60℃，0.5 小时，≤10 毫克/升 蒸发残渣： 4%乙酸，60℃，0.5 小时，≤30 毫克/升

（续）

包装材料名称	标准编号	卫生指标
食品包装用聚氯乙烯成型品	GB 9681—1988	20%乙醇，60℃，0.5小时，≤30毫克/升 正已烷，20℃，0.5小时，≤150毫克/升 重金属（以Pb计）： 4%乙酸，60℃，0.5小时，≤1毫克/升 脱色试验： 浸泡液，阴性 冷餐油或无色油脂，阴性
复合食品包装袋	GB 9683—1988	甲苯二胺（4%乙酸），≤0.004毫克/升 蒸发残渣： 4%乙酸，≤30毫克/升 正已烷，常温，2小时，≤30毫克/升 65%乙醇，常温，2小时，≤30毫克/升 （指聚乙烯塑料薄膜为内层的复合袋） 高锰酸钾消耗量（水），≤10毫克/升 重金属（以Pb计）： 4%乙酸，≤1毫克/升
食品包装用聚乙烯成型品	GB 9687—1988	高锰酸钾消耗量60℃，2小时，≤10毫克/升 蒸发残渣： 4%乙酸，60℃，2小时，≤30毫克/升 65%乙醇，60℃，2小时，≤30毫克/升 正已烷，20℃，2小时，≤60毫克/升 重金属（以Pb计）： 4%乙酸，60℃，2小时，≤1毫克/升 脱色试验： 乙醇，阴性 浸泡液，阴性 冷餐油或无色油脂，阴性
食品包装用聚丙烯成型品	GB 9688—1988	高锰酸钾消耗量 水，60℃，2小时，≤10毫克/升 蒸发残渣： 4%乙酸，60℃，2小时，≤30毫克/升

（续）

包装材料名称	标准编号	卫生指标
食品包装用聚丙烯成型品	GB 9688—1988	正己烷，20℃，2小时，≤30毫克/升 重金属（以Pb计）： 4%乙酸，60℃，2小时，≤1毫克/升 脱色试验： 乙醇，阴性 浸泡液，阴性 冷餐油或无色油脂，阴性
食品包装用三聚氰胺成型品	GB 9690—1988	高锰酸钾消耗量 水，60℃，2小时，≤10毫克/升 蒸发残渣： 水，60℃，2小时，≤10毫克/升 甲醛： 4%乙酸，60℃，2小时，≤30毫克/升 重金属（以Pb计）： 4%乙酸，60℃，2小时，≤1毫克/升 脱色试验： 65%乙醇，阴性 浸泡液，阴性 冷餐油或无色油脂，阴性
食品容器内壁酰胺环氧树脂涂料	GB 9686—1988	高锰酸钾消耗量 蒸馏水，60℃，2小时，≤10毫克/升 蒸发残渣： 4%乙酸，60℃，2小时，≤30毫克/升 65%乙醇，60℃，2小时，≤30毫克/升 正己烷，20℃，2小时，≤30毫克/升 重金属（以Pb计）： 4%乙酸，60℃，2小时，≤1毫克/升
食品包装用聚乙烯树脂	GB 9691—1988	干燥失重，≤0.15% 灼烧残渣，≤0.20% 正己烷提取物，≤2.00%
食品包装用聚丙烯树脂	GB 9693—1988	正己烷提取物，≤2%

2. 包装的体积和质量应限制在最低水平，包装实行减量化。

3. 在技术条件许可与商品有关规定一致的情况下，应选择可重复使用的包装；若不能重复使用，包装材料应可回收利用；若不能回收利用，包装废弃物应可降解。

4. 纸类包装要求：可重复使用回收利用或可降解；表面不允许涂蜡、上油；不允许涂塑料等防潮材料；纸箱连接应采取黏合方式，不允许用扁丝钉钉合；纸箱上所作标记必须用水溶性油墨，不允许用油溶性油墨。

5. 金属类包装应可重复使用或回收利用，不应使用对人体和环境造成危害的密封材料和内涂料。

6. 玻璃制品应可重复使用或回收利用。

7. 塑料制品要求：使用的包装材料应可重复使用、回收利用或可降解；在保护内装物完好无损的前提下，尽量采用单一材质的材料；使用的聚氯乙烯制品，其单体含量应符合《食品包装用聚氯乙烯成型品卫生标准》的要求；使用的聚苯乙烯树脂或成型品应符合相应国家标准要求；不允许使用含氟氯烃（CFS）的发泡聚苯乙烯（EPS）、聚氨酯（PUR）等产品。

8. 外包装上印刷标志的油墨或贴标签的黏着剂应无毒，且不应直接接触食品。

9. 可重复使用或回收利用的包装，其废弃物的处理和利用按《包装废弃物的处理与利用通则》的规定执行。

三、包装尺寸

1. 绿色食品运输包装件尺寸应符合《硬质直方体运输包

装尺寸系列》、《圆柱体运输包装尺寸系列》和《袋类运输包装尺寸系列》的规定。

2. 绿色食品包装单元应符合《单元货物尺寸》的规定。

3. 绿色食品包装用托盘应符合《包装　托盘包装》的规定。

四、标志与标签

绿色食品外包装上应印有绿色食品标志，并应有明示使用说明及重复使用、回收利用说明。标志的设计和标识方法按有关规定执行；绿色食品标签除应符合《食品标签通用标准》的规定外，若是特殊营养食品，还应符合《特殊营养食品标签》的规定。

五、贮存与运输

绿色食品包装贮存环境必须洁净卫生，应根据产品特点、贮存原则及要求，选用合适的贮存技术和方法；贮存方法不能使绿色食品发生变化，引入污染。可降解食品包装与非降解食品包装应分开贮存与运输。绿色食品不应与农药、化肥及其他化学制品等一起运输。

第二节　贮藏运输准则*

内容提要

本节规定了绿色食品贮藏运输的要求，适用于绿色食品贮藏与运输。

一、贮藏

1. 贮藏设施的设计、建造和建筑材料

（1）用于贮藏绿色食品的设施结构和质量应符合相应食品类别的贮藏设施设计规范的规定。

（2）对食品产生污染或潜在污染的建筑材料与物品不应使用。

（3）贮藏设施应具有防虫、防鼠和防鸟的功能。

2. 贮藏设施周围环境

周围环境应清洁和卫生，并远离污染源。

3. 贮藏设施管理

（1）贮藏设施的卫生要求。设施及其四周要定期打扫和

* 摘编于《绿色食品　贮藏运输准则》（NY/T 1056—2006）。

消毒；贮藏设备及使用工具在使用前均应进行清理和消毒，防止污染；优先使用物理或机械的方法进行消毒。消毒剂的使用应符合第二章第一节和《绿色食品　兽药使用准则》的规定。

（2）**出入库**。经检验合格的绿色食品才能出入库。

（3）**堆放**。按绿色食品的种类要求选择相应的贮藏设施存放，存放产品应整齐；堆放方式应保证绿色食品的质量不受影响；不应与非绿色食品混放；不应与有毒、有害、有异味、易污染物品同库存放；保证产品批次清楚，不应超期积压，并及时剔除不符合质量和卫生标准的产品。

（4）**贮藏条件**。应符合相应食品的温度、湿度和通风等贮藏要求。

4. 保质处理

（1）应优先采用紫外光消毒等物理与机械的方法和措施。

（2）在物理与机械的方法和措施不能满足需要时，允许使用药剂，但使用药剂的种类、剂量和使用方法应符合第二章第一节和《绿色食品　兽药使用准则》的规定。

5. 管理和工作人员

（1）应设专人管理，定期检查质量和卫生情况，定期清理、消毒和通风换气，保持洁净卫生。

（2）工作人员应保持良好的个人卫生，且应定期进行健康检查。

（3）应建立卫生管理制度，管理人员应遵守卫生操作规定。

6. 记录

建立贮藏设施管理记录程序。

（1）应保留所有搬运设备、贮藏设施和容器的使用登记表或核查表。

（2）应保留贮藏记录，认真记载进出库产品的地区、日期、种类、等级、批次、数量、质量、包装情况和运输方式，并保留相应的单据。

二、运输

1. 运输工具

（1）应根据绿色食品的类型、特性、运输季节、距离以及产品保质贮藏的要求选择不同的运输工具。

（2）运输应专车专用，不应使用装载过化肥、农药、粪土及其他可能污染食品的物品而未经清污处理的运输工具运载绿色食品。

（3）运输工具在装入绿色食品之前应清理干净，必要时进行灭菌消毒，防止害虫感染。

（4）运输工具的铺垫物、遮盖物等应清洁、无毒和无害。

2. 运输管理

运输过程中采取控温措施，定期检查车（船、箱）内温度，以满足保持绿色食品品质所需的适宜温度；保鲜用冰应符合《人造冰》的规定；不同种类的绿色食品运输时应严格分开，性质相反和互相串味的食品不应混装在一个车（箱）中，不应与化肥、农药等化学物品及其他任何有害、有毒、有气味的物品一起运输；装运前应进行食品质量检查，在食品、标签与单据三者相符合的情况下才能装运；运输包装应符合《绿色食品　包装通用准则》的规定；运输过程中应轻装、轻卸，防止挤压和剧烈震动；运输过程应有完整的档案记录，并保留相应的单据。

图书在版编目（CIP）数据

绿色食品生产操作规程简易读本．水果/烟台市农业技术推广中心编．—北京：中国农业出版社，2012.7
ISBN 978-7-109-16818-3

Ⅰ.①绿… Ⅱ.①烟… Ⅲ.①果树园艺—无污染技术—技术操作规程 Ⅳ.①S-01

中国版本图书馆 CIP 数据核字（2012）第 105166 号

中国农业出版社出版
（北京市朝阳区农展馆北路 2 号）
（邮政编码 100125）
责任编辑 刘 伟 李文宾

中国农业出版社印刷厂印刷 新华书店北京发行所发行
2012 年 7 月第 1 版 2012 年 7 月北京第 1 次印刷

开本：850mm×1168mm 1/32 印张：4.25
字数：86 千字
定价：12.00 元